يوسف مروّه

الفكر الحاضر المغيّب

1

Publisher
Khaled Homaidan

Toronto – Canada

Reference # CMC34/23
Phone: 1.647.242.0242
E-Mail: cmcmedia@rogers.com

المجموعة الكاملة

(9)

يوسف مروّه

الفكر الحاضر المغيَّب

منشورات خالد حميدان
تورنتو ـ كندا

الطبعة الأولى - 2024

ـ بصماتٌ خالدة ـ

ليس الخالدُ من يعبرُ التاريخ، بل من يصنعُ التاريخ ويعبرُه

العالم اللبناني الكندي الدكتور يوسف مروّه

(1934 – 2019)

الإهداء

➢

إلى العالمِ والمعلمِ المبدعِ

الذي تعدَّى بإنجازاتِه الحضاريةِ حدودَ كلِّ التسمياتِ

والألقاب وقد ضاقتْ جميعُها بأبعادِ رؤاه ورفَّاتِ جناحيْهِ..

إلى الصديقِ والرفيقِ الأمينِ الدكتور يوسف مروّه

وفاءً لروحِه الطاهرةِ وذكراه الخالدةِ..

خالد حميدان

Author: Khaled Homaidan المؤلف: خالـد حميـدان

Publisher: Khaled Homaidan
khaled.homaidan@gmail.com

Address: 58 Pinecrest St. Markham ON, L6E 1C2
CANADA

Title: Dr. Mroueh المجموعة الكاملة (9) كتاب يوسف مروّه

Language: Arabic

Reference #: CMC34/24

ISBN: 978-1-7389923-3-1

تصميم الغلاف والإخراج للمؤلف

*****

E-Mail: khaled.homaidan@gmail.com

المقدمة

1998/12/12

منحت بلدية بيكرينغ الصديق الدكتور يوسف مروه جائزة الثقافة والفنون للعام 1998 في حفلة تكريمية جرت خلال شهر تشرين الثاني من العام ذاته، وأقيمت في دار البلدية بحضور مجموعة كبيرة من موظفي الحكومة المحلية ومسؤولي الأحزاب السياسية والجمعيات الثقافية. وقد سلم عمدة بيكرينغ السيد ووين آرثرز الجائزة للدكتور مروه بعد أن عدد مزاياه وقدر فيه الجهد الكبير الذي يبذله في المجالات الثقافية والتاريخية والتراثية منوّهاً بإنجازاته ومؤلفاته من كتب وبحوث ودراسات وبنشاطاته البارزة من ندوات ومحاضرات وملتقيات فكرية مختلفة.

لقد كان لهذا الحدث الأثر البالغ في نفسي وكنت في ذلك الوقت أعد العدة لإطلاق مسيرة مركز التراث العربي الذي كان لي شرف تأسيسه، فوجدت في مبادرة التكريم هذه الحافز الأقوى للعمل على مواكبة حركة المبدعين العرب في كل المجالات وتظهير إنتاجاتهم الفكرية والأدبية وتكريمهم بما يليق بدورهم الانساني تماماً كما فعلت بلدية بيكرنغ في تكريم د. يوسف مروّه، وقد نكون نحن "أولى بالمعروف" بتكريم مبدعينا من خلال مركز التراث العربي..

فمن هو الدكتور مروه وما هي النشاطات والأعمال التي قام ويقوم بها حتى يمنح جائزة الثقافة والفنون..

يحمل د. مروه دكتوراه علوم في فيزياء الإشعاع من جامعة جاكسون، الولايات المتحدة الأميركية (1973). وقد تابع دراسات عالية في مواضيع التطبيقات الصناعية والتقنية المتصلة باختصاصه في عدد من معاهد ومراكز البحوث العلمية في إنكلترا وألمانيا وإيطاليا والنمسا.

أما إنجازاته العلمية فهي متعددة وأبرزها:

- وضع نظرية جديدة في هندسة الأوضاع ـ طوبولوجيا (1955)

- تفسير جديد للجاذبية الكونية على أساس الظاهرة الموجبة (1957)

- وضع نظرية مجال الوحدانية الكونية التماثلية العظمى (1987)

- الحصول على براءة اختراع محرّك لتوليد القوة بواسطة التفاعلات الحرارية بين الأوكسجين والأزوت في الهواء.

- سجلت باسمه مؤسسة هودن ـ كندا مجموعة من الطرق والعمليات التقنية في إجراء الاختبارات غير الإتلافية في حقلي التشعيع الصناعي والفوق صوتيات الصناعية.

يحمل عدة إجازات كندية حكومية باستخدام التقنيات الخاصة بهذه الفروع المستخدمة في هندسة ضبط النوعية للصناعات النووية والمعدنية الثقيلة.

ولمن يتسنى له زيارة الدكتور مروه في منزله، لا بد وأنه سيتوقف عند الشهادات العديدة المعلقة على جدران مكتبه في الطابق السفلي. فهو عضو في عدد من المعاهد العلمية كمعهد المهندسين النوويين، والمعهد الدولي للتقنية، ومعهد مهندسي الطاقة، والمعهد الأميركي للمهندسين الصناعيين. وكذلك، هو عضو في عدد من الجمعيات العلمية والهندسية مثل: الجمعية النووية الأميركية، والجمعية النووية

الكندية، وجمعية أبحاث الإشعاع الأميركية، والجمعية الكندية للحماية من الإشعاع، والجمعية الدولية للطاقة الشمسية وكثير غيرها. يحمل جائزة لانغفورد للتقدير والامتياز والتفوق المهني من معهد أونتاريو للتقنية الهندسية (1988) وقد حصل على هذه الجائزة في الفترة التي كان يعمل خلالها في محطة دارلينغتون النووية.

ومن الكتب التي نشرت للدكتور مروه نذكر: كامل الصبّاح، عبقري من بلادي، العبقرية المنسية، الأثر العربي في العلم الحديث، مؤشرات ورموز العلوم الطبيعية في القرآن، مؤشرات ورموز العلوم الطبيعية في تراث الأمام علي، المآثر العربية ـ الإسلامية في الحضارة الغربية، محنة المثقف العربي، الله والكون والإنسان، مفهوم الله ونظريات الفيزياء الحديثة، النقد الديني في الفكر العربي المعاصر.

ينشر حالياً مقالاته ومحاضراته في عدد من الصحف والمجلات العربية الصادرة في كندا والولايات المتحدة حول المآثر والمنجزات اللبنانية والعربية المعاصرة في العلوم والتقنية الغربية. وهو يحاضر منذ عدة سنوات ويكتب عن الآثار الفينيقية والعربية المكتشفة في القارة الأميركية والتي تعود إلى عهود عديدة قبل وصول كولومبس إليها. تعزز مقالاته ومحاضراته مئات من الوثائق المتوفرة، لينشر بين أفراد الجاليات اللبنانية والعربية الوعي والتحسس بأهمية التراث اللبناني والعربي الغني وما يحمله من أمجاد جديرة بالتقدير والاحترام والاعجاب.

لم تكن هذه هي المرة الأولى التي يتلقى فيها د. يوسف مروه جوائز تقديرية لنشاطاته وإنجازاته العلمية والثقافية الكثيرة التي يلزم

لتعدادها عدد كبير من الصفحات. إلا أن ما يستوقفنا إزاء هذا الحدث الكبير عاملان اثنان، أولاً: الشعور بالاعتزاز والفخر لتكريم الدكتور مروه من هيئة كندية ونعتبره تكريماً لنا جميعاً نحن أبناء الجالية العربية. ثانياً: الشعور بالتقصير، كجالية عربية، تجاه د. مروه وأمثاله من العرب المحلقين، كل في مجاله، الذين يعملون بصمت الجبابرة على إشباع الحضارة الإنسانية بعلمهم ومعرفتهم وعطائهم.

أما والكلام عن الدكتور يوسف مروه، هذا الإنسان الكبير الذي عرفته، فأعجبت بعلمه وثقافته وشدة التصاقه بتراثه العربي، أعترف أنني لن أفي الرجل حقه مهما حاولت، فإن تحضرني أشياء ستغيب عني حتماً أشياء كثيرة. لذلك سأختصر القول أن د. مروه، في دراساته وأبحاثه ومحاضراته وكتاباته، إنما يهدف إلى إقناع العالم بأننا أصحاب حضارة عريقة وشعب رائد في العلوم الإنسانية وواضع القواعد العلمية التي تقوم عليها التكنولوجيا الحديثة، عله بتلك الجهود النادرة يواجه بالأسلوب الموضوعي والحضاري، من نصب العداء للعرب وألحق بهم كل أشكال الرجعية والتخلف والإرهاب.

وكأني بالدكتور مروه الذي بحث في العلم والتاريخ والأدب والفلسفة ليبرز أهمية الدور العربي في الحضارة الإنسانية، قد أخذ على عاتقه الوقوف بوجه كل التحديات التي تواجه الإنسان العربي في العالم، متسلحاً بالعزم والايمان، والعلم والبرهان. فتراه دارساً منقباً حائراً لا يطمئن له بال لأنه يدرك أن الطريق التي اختارها توجب عليه المتابعة والعمل المتواصل الدؤوب.. وإن الدور الذي يضطلع به في كشف وإبراز المساهمة العربية في الحضارة الإنسانية لهو عمل

إعلامي مسؤول تعجز عن القيام به مؤسسات أنشئت خصيصاً لهذا الغرض. وإن الجائزة التي تلّقاها، مهما كبرت، تبقى دون الجهد الذي يبذله والعطاء الذي يقدمه خدمة للقضايا العربية عامة والانسان العربي في المهجر خاصة.

وقد ذكرت في افتتاحية مجلة "أضواء" بتاريخه حول هذا التكريم قائلاً: علّ هذا الحدث يفعل في نفوسنا الفعل الحسن لنتيقظ ونعمل على تفعيل دورنا وتوظيفه في خدمة قضايانا، وبهذا نخفف العبء عمن نذروا أنفسهم ليقوموا مقامنا في الذود عن حقنا ودورنا.. وتلك هي الجائزة الكبرى.

المؤلف

الفصل الأول: سيرة ومسيرة

1ـ يوسف مروّه (1934 – 2019)

أ ـ طاقتا الماء والذّرة
ب ـ مسيرة الإنجازات

2ـ أهم الإنجازات العلمية

أ ـ الرياضيات
ب ـ الفيزياء
ج ـ الفلك
د ـ التقنية النووية

3- المؤلفات والدراسات

أ ـ الكتب المنشورة
ب ـ الإنجازات العلمية
ج - الأبحاث والدراسات

4ـ العضوية الثقافية والجوائز التقديرية

5ـ من الأرشيف في مناسبات مختلفة

1- يوسف مروّة
(1934 – 2019)

ولد العالم الكندي اللبناني د. يوسف مروة في بلدة النبطية - لبنان عام 1934 حيث نشأ في كنف عائلة زادها العلم والزهد والتقوى. أنهى المرحلة الابتدائية في النبطية ودراسته الثانوية في الجامعة الوطنية - عاليه عام 1951 ثم انتقل فيما بعد إلى التحصيل الجامعي في العاصمة البريطانية، لندن، ليبدأ من هناك رحلة العلم والإبداع متنقلاً بين عواصم وجامعات أوروبية وأمريكية، إلى أن استقر به المقام في كندا، عالماً ذائع الشهرة في المختبرات والمنتديات والمؤتمرات العالمية.

أ) طاقتا الماء والذرّة

نال مروّه شهادة البكالوريوس في العلوم من "المعهد البريطاني للهندسة والتكنولوجيا" (1965). ثم حاز على الماجستير في علوم الطاقة النووية والهيدروليكية المائية والهوائية والجيو - حرارية (1968). ونال الدكتوراه في الفيزياء النووية من جامعة جاكسون في ولاية ميسيسبي الأمريكية (1973). ومنذ ذلك الحين، تألق ببحوثه العلمية والنووية وتوّجها باكتشاف نظريتين بارزتين، اندرجت الأولى في سياق علم الفيزياء، وعُرفت باسم "نظرية الحقل الفائق التماثل في الكون الوحداني" (Unicosmic Super

(Field Theory.Symmetric. عن هذه النظرية يقول مروة: "إنها ترتكز على معادلة جديدة تفسر الكون تفسيراً شاملاً بعناصره المادية والروحية، خلافاً لنظرية آينشتاين القائمة على الوحدة المادية حصرياً، وبمعزل عن القوى الحياتية والروحية والحسية والنفسية الموجودة أيضاً في الكون". ويضيف: "إن نظرية آينشتاين ترتكز على أربعة أبعاد هندسية وفيزيائية، في حين أن نظريتي تعتمد على 19 بعداً مادياً وإنسانياً... إنها أكثر شمولية. وتجمع المادة والحس الإنساني معاً".

يضع مروه نظريته الثانية في مجال الفيزياء النووية. وتتناول "تفاعل التلاؤم النووي" بين المعادن الانتقالية والديتريوم وغاز الهيدروجين، عن طريق ما يسميه "الاندماج النووي البارد" (Cold Nuclear Fusion). ويمثل ذلك الاندماج تفاعلاً بين انشطار المعادن الثقيلة واندماج العناصر الخفيفة مثل الهيدروجين. وبحسب مروه "يمكن استعمال هذه الطريقة في تطبيقات فيزيائية جديدة تتعلق بتقنيات الانشطار والاندماج النووي".

ب) مسيرة الانجازات

مارس مروه تدريس الفيزياء والرياضيات في معاهد وكليات سوريا والبحرين والمغرب والجزائر. وتولّى إدارة مختبر رصد الغبار الذري والتلوث الإشعاعي ومحطاته في الجزائر. وفي سوريا، حصل على براءة اختراع عن ابتكاره محرِكاً لتوليد القوة المحركة بواسطة الضغط والحرارة الناتجة عن تفكيك الهواء فيزيائياً، ثم تركيبه كيماوياً. وسُجلت البراءة في وزارة الاقتصاد السورية – دائرة حماية الملكية التجارية والصناعية وحقوق التأليف، تحت

القرار رقم 203 بتاريخ 25 حزيران/يونيو 1951. كما ابتكر نظرية في هندسة الأوضاع (طوبولوجيا) عام 1965. وسجَّلها في وزارة التربية الوطنية اللبنانية، ومعترف بها خطياً من البروفسور ديرك سترويك، رئيس دائرة الرياضيات في "معهد ماساشوستس للتقنية" "أم أي تي" (MIT). وتُشدد تلك النظرية على "أن عدد الزوايا السطحية في كل مجسم منتظم أو غير منتظم يساوي دائماً ضعف حدود ذلك الجسم". وفي لبنان أيضاً وضع مشروع قانون تنظيم استخدام النظائر المشعة وتطبيقاتها (Radioactive Isotopes) عام 1967.

شارك مروه بعدها في دراسات وبحوث علمية مهمة في مختبر "معهد التقنية النووية" في جامعة كارلسروه (ألمانيا) و"مختبر البحوث النووية" في "معهد النظائر المشعة" التابع لـ "مؤسسة الطاقة الذرية البريطاني" و"مختبر التطبيقات السلمية للطاقة الذرية" التابع لـ "الوكالة الدولية للطاقة الذرية (فيينا) و"مختبر النظائر المشعة" التابع لـ "دائرة الجيولوجيا النووية" في جامعة بيزا الإيطالية.

كذلك شارك بالإشراف على بناء المنشآت النووية الخاصة بتوليد الطاقة حرارياً لتوليد البخار اللازم لتشغيل طوربينات المولِدات الكهربائية وإنتاج النظائر المشعة. والمعلوم أن تلك النظائر مستخدمة في التطبيقات الطبية والصناعية والزراعية والمائية، ومكافحة الحشرات الضارة، وتعقيم الأغذية والفاكهة والخضار والحبوب، وعمليات قياس عمر الصخور، وحساب تعيين عمر الأرض، وعمليات تحديد عمر الآثار القديمة وتأريخها، بالإضافة إلى استخدام التفجيرات النووية في الأعمال الإنشائية مثل شقَ القنوات والأنفاق

وبناء السدود وتحويل مجاري الأنهار، كذلك استخدام المفاعلات النووية كمحركات لتزويد السفن والغواصات والمركبات الفضائية بالطاقة المحركة. في كندا أيضاً، أشرف مروة على تجارب توليد الطاقة عن طريق استخدام الهواء والريح مباشرة، لإنتاج الطاقة الكهربائية (Wind Generator). كما أغنى مراكز البحوث العالمية بالكثير من الدراسات، منها دراسة فيزيائية حول التفاعل المتبادل بين الكتلة والطاقة، وسلوك المادة في السرعات التي تفوق

سرعة الضوء (1972). وأنجز دراسة بين عامي 1980 و1990 تتعلق بالفحوص غير الإتلافية (أي التي لا تتضمن كسراً أو إتلافاً) لتركيبات المواد النووية، وذلك عن طريق إخضاعها للفحص بالأشعة. وسُجلت الدراسة باسمه لدى شركة "براون بوفاري هودن" الألمانية. كما أجرى دراسة حول الجسيمات العالية للطاقة في الفضاء الخارجي في "المركز الدولي للفيزياء النظرية" في بلدة تريستا في إيطاليا.

يحوز د. مروة على عضوية مميزة في عدد من الجمعيات العلمية والنووية في أمريكا وكندا وأوروبا، ويشارك في المحافل العلمية الدولية عن طريق المحاضرات والندوات. وظلّ يشغل حتى آخر مرحلة من عمره، منصب مستشار علمي في "مجلس بيكرينغ النووي" في "تورونتو". ويحوز على عضوية في لجنتي "درهام النووية الصحية" و"البيئة الاستشارية" في أوتاوا، إضافة إلى عضويته في "منظمة إدارة النفايات النووية" في تورونتو. ويحتفظ بجوائز عديدة نالها من دوائر البحوث الكندية والعالمية. لأجل كل هذا يعتبر مروة واحداً من العلماء اللبنانيين والعرب البارزين في علوم الفيزياء الذرية، أثرى دوائر البحوث بنظرياته العلمية ودراساته الفيزيائية في تطبيقات النظائر المشعة وعمليات الانشطار والاندماج النووي. ولا تزال أعماله محفوظة في سجلات المراكز والمختبرات العلمية التي عمل فيها.

❖

2ـ أهم الإنجازات العلمية

كان شعار د. مروّه طلب العلم من المهد إلى اللحد والسفر إلى شتى بقاع الأرض لاكتساب العلوم والمعارف واكتشاف المجهول من حقائق الوجود وأسرار الكون. ويعلم كل من تسنى له التعرف إلى الدكتور مروّه أو مرافقته كيف أمضى حياته في طلب العلم حتى في السنوات المتقدمة من عمره. وهنا لا بد من إلقاء الأضواء على بعض أعماله في مجالات الرياضيات والفلك والفيزياء والتقنية النووية:

أـ **الرياضيات**: وضع نظرية جديدة في هندسة الأوضاع (طوبولوجيا Topology) وسجّلها في وزارة التربية الوطنية اللبنانية (1955) وقد اعترف له بها خطياً البروفسور ديرك ستروِيك Dirk Struik، رئيس دائرة الرياضيات في معهد ماساشوستس التقني (MIT).

وتنص النظرية على أن "عدد الزوايا السطحية في كل مجسم منتظم أو غير منتظم يساوي دائماً ضعف حدود ذلك المجسم". واستخدمت هذه النظرية في عمليات قطع وصقل أحجار الماس الطبيعية. وكشف أيضاً عن وجود شكل هندسي رباعي الأضلاع جديد أطلق عليه اسم الدلتا (Deltoid) ولهذا الشكل بعض التطبيقات العلمية.

ب- الفلك: كشف عن الأخطاء والتناقض في التقويم القمري، ودعا إلى استخدام التقويم الشمسي القمري (lunisolar)، حيث تكون السنة الشمسية والقمرية سنة واحدة بعد التصحيح وترتبط هذه السنة بدورة التسع عشرة سنة، وفي هذه الدورة تحتفظ الأشهر القمرية في مواقع ثابتة بالنسبة للأشهر الشمسية بحيث يكون شهر رمضان مرتبطاً بشهر تشرين أول وشهر ذو الحجة مرتبطاً بشهر كانون الثاني وهكذا. وقام برصد الأهلة لتعيين بداية أشهر رمضان وشوال وذو الحجة ومحرم منذ عام 1960 حتى اليوم. ووضع وثيقة شهادة الاستهلال والرؤية التي تنطوي على المعلومات المطلوبة والشروط العلمية للشاهد والشهادة.

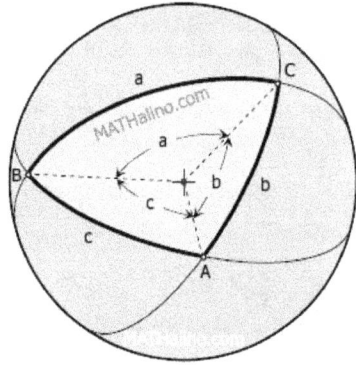

وأشار إلى تطبيقات هندسة الأهلة وحساب مساحة سطح الهلال ومحيطه بعد مرور 1.96 ساعة على خروجه من المحاق. ووضع الحل العلمي للخلاف حول تعيين اتجاه القبلة في أميركا الشمالية باستخدام طريقة رياضية تعتمد على المثلث القطبي الكروي (Triangle) (Spherical Polar). وتكون أضلاع المثلث مقاسة

بأقواس كروية. والجدير ذكره أن الدكتور يوسف مروّه هو عضو في الجمعية الفلكية الملكية الكندية.

ج- الفيزياء: حصل مروّه على براءة اختراع محرك لتوليد القوة المحركة بواسطة التفاعلات الحرارية الناتجة عن تفكيك عناصر الأوكسجين والآزوت في الهواء فيزيائياً وتركيبه كيماوياً. وسجلت البراءة في وزارة الاقتصاد الوطنية السورية ــ دائرة حماية الملكية التجارية والصناعية وحقوق التأليف. كان هذا عام 1951، وبعد نصف قرن (2001) أعلنت نازا عن النجاح باستخدام الهواء كوقود في توليد قوة محركة.

ـ قدم تفسيراً جديداً للجاذبية الكونية على أساس الظاهرة الموجية عام 1957 وتعديل صيغة فتزجيرالد ـ لورانتز في النسبية الخاصة عام 1965.

ـ وضع مشروع قانون حول استخدام وتخزين النظائر المشعة عام 1967 وأسلوب سلوك الجسيمات المادية في السرعات الفوق ضوئية عام 1972 ونظرية مجال الوحدانية الكونية التماثلية (Unicosmic Supersymmetric)،

ـ وضع دراسة حول الاندماج البارد حيث كشف عن ظاهرة نووية جديدة أطلق عليها اسم الاندماج النووي البارد (Cold Nuclear Fusion) أو تفاعلات التلاؤم النووي، وتحصل هذه التفاعلات بين عناصر المعادن الانتقالية وغاز الهيدروجين الثقيل، وتؤدي إلى انشطار المعادن الثقيلة واندماج العناصر الخفيفة.

ـ عمل مروّه في مؤسسة هودن حيث ترأس مختبر الفحوصات غير الاتلافية وكمهندس خبير في ضبط النوعية النووية (1975-1995) في محطات بيكرينغ ودارلينغتون وبروس النووية وهو عضو في

معهد المهندسين النوويين والجمعية النووية الكندية والأميركية والطاقة الشمسية والحماية من الإشعاع.

دـ التقنية النووية: بعد تقاعده (1995) انتخب عضواً في مجلس بيكرينغ الاستشاري النووي (2012-1998) وبناء على تكليف من رئيس المجلس أخذ على عاتقه مهمة مراجعة تصاميم حاوية التخزين الناشف (Dry Storage Container) ومهمة الحاوية تخزين حزمات الوقود النووي المستنفدة (Used Nuclear Fuel Bundles) وتتسع الحاوية، المصنوعة من الفولاذ الكربوني، لتخزين 384 حزمة من الوقود المستنفد وتبث الحزمة باستمرار حرارة (551 سعرة في الثانية في الحاوية) وإشعاع (32 ألف مليون بيكرل في الحاوية). ويحقن التجويف الداخلي بين الحزمات بكمية من غاز الهيليوم (203 مليون سم مكعب).

محطة بيكرنغ النووية لتوليد الطاقة في أونتاريو ـ كندا

ـ قام بدراسة تفاصيل التصاميم لمدة عامين (2003-2005)، وكان حاصل عمله 15 تقرير و8 ملاحق جرى توضيبها في ثلاثة ملفات تحت العناوين التالية:

1- الأسئلة الحرجة والملاحظات ــ حول مشروع تخزين الوقود المستنفد (6 تقارير)، 86 صفحة، عام 2003.

2- مراجعة علمية حول تقنية التخزين الناشف (4 تقارير و4 ملحقات) 52 صفحة، عام 2004.

3- مراجعة تقرير منظمة إدارة الفضلات النووية (5 تقارير و4 ملاحق)، 59 صفحة، عام 2004.

وحملت التقارير الكثير من المعلومات التقنية، وحصل أعضاء المجلس الاستشاري والخبراء المختصين بالموضوع على نسخ من الملفات المذكورة.

وأشارت الملاحظات إلى الوقائع والاحتمالات التالية:

1ـ ترتفع حرارة غاز الهيليوم آلاف المرات وحجم الغاز يرتفع إلى مئات المرات. 2ـ يمكن للهيليوم الساخن أن يتفاعل مع العناصر الموجودة في قشرة الفولاذ الكربوني وهي الحديد والنيكل والنحاس والكروم والزنك إلخ.. 3ـ تؤدي التفاعلات المذكورة إلى بداية تفسخ مجهري في سطح الجدار الداخلي للحاوية وقد يمتد التفسخ من الداخل إلى الخارج. وقد لقيت هذه الملاحظات الاهتمام الكلي من الخبراء في محطة بيكرينغ ومن يهمه الأمر.

وأخيراً اقترح مروه على الخبير بول دينر إجراء فحص عينة تمثل 10% من الحاويات باستخدام أسلوب الفوقصوتيات الصناعية في كل عشر سنوات.

كانت حصيلة أعمال مروه في أكثر من نصف قرن 18 كتاباً في مواضيع متنوعة (منشورة في مكان آخر من هذا الكتاب)، بالإضافة إلى أكثر من ألف دراسة وتقرير ومقال وأكثر من مئة محاضرة وندوة. وقد كان مروّه عضواً نشيطاً في أكثر من ثلاثين مؤسسة علمية من معهد ومجمع ومجلس وأكاديمية في لبنان وبريطانيا وكندا والولايات المتحدة وسواها. وسنأتي على ذكرها لاحقاً.

شارك بأعمال وتنظيم الاحتفالات الثقافية (المهرجانات والملتقيات والمعارض) لتخليد العلماء والفلاسفة العرب مثل ثابت بن قره وجابر بن حيان وابن الهيثم والخوارزمي وابن سينا وابن رشد وسواهم. وكان مهرجان إحياء الذكرى الألفية لوصول العرب إلى القارة الجديدة (995م) وذكرى الألفين والخمسمائة لوصول

الفينيقيين (505 ق.م.)، من أهم الاحتفالات حول التراث اللبناني والعربي، والرجوع إلى المراجع التاريخية والدينية والفلسفية. وعقدت الاحتفالات في برلمان أونتاريو (تورونتو) وبرلمان كندا (أوتاوا) وجامعات تورونتو ويورك وأوتاوا ووندسور وهاملتون ولندن وبلدية بيكرينغ وإدمنتون وكالغاري ومونتريال (كونكورديا) وهاليفاكس وديربورن (ميتشيغن) وواشنطن العاصمة وبوسطن (ماساشوستس) وسواها.

لا بد من الإشارة إلى عينة من المفكرين الذين شاركوا في تقييم أعمال مروه الثقافية: الشاعر سعيد عقل، الشاعرة لميعة عباس عمارة، د. عبد الله عبيد، رئيس قسم الدراسات العربية في جامعة أوتاوا، سماحة السيد موسى الصدر، سماحة السيد محمد حسين فضل الله، الدكتور أسعد علي مرشد الاتحاد العالمي للمؤلفين باللغة العربية، الأستاذ خالد حميدان رئيس مركز التراث العربي، الدكتور فايز شهرستان، الدكتور أسعد دياب، رئيس الجامعة اللبنانية سابقاً، د. علي عقلة عرسان، رئيس اتحاد الكتاب العرب.

ونختم هنا بكلمة للسيد جون فنست رئيس مجلس بيكرينغ النووي حول أعمال د. مروّه إذ قال:

"إن مجلس بيكرينغ النووي الاستشاري سعيد الحظ لأن العالم النووي المتقاعد، يوسف مروّه، هو في عداد أعضائه، حيث أن معرفته المباشرة بالمسائل النووية المعقدة تضمن تجنب أي سوء فهم أثناء مناقشة المواضيع النووية".

❖

3، المؤلفات والإنجازات العلمية

د. يوسف مروّه

(1934 - 2019)

www.dryoussefmroueh.com

المؤلفات المنشورة

١ ـ كامل الصباح، عبقري من بلادي
٢ ـ تاريخ نشوء الأرقام العربية
٣ ـ العبقرية المنسية
٤ ـ الأثر العربي في العلم الحديث
٥ ـ مؤشرات العلوم الطبيعية في القرآن
٦ ـ مؤشرات العلوم الطبيعية في تراث الإمام علي
٧ ـ أخطار التقدم العلمي في إسرائيل
٨ ـ أخطار التخطيط الصناعي في إسرائيل
٩ ـ أخطار الأبحاث الذّرية في إسرائيل
١٠ ـ المآثر العربية في الحضارة الغربية
١١ ـ الله والكون والانسان
١٢ ـ النقد الديني في الفكر العربي المعاصر
١٣ ـ مفهوم الله ونظريات الفيزياء الحديثة
١٤ ـ المدرحيّة فلسفة العصر
١٥ ـ أزمة الفكر العربي المعاصر
١٦ ـ المشيئة الإلهية في الكون
١٧ ـ محمد (ص) النبي العالم والرسول المعلم

بالرغم من اتجاهاته العلمية والرياضية وهو يحمل دكتوراه في فيزياء الإشعاع، تنوعت مؤلفات الدكتور يوسف مروّه وتعدت البحث في الفيزياء النووية إلى سائر المواضيع الأدبية والحيوية التي تفتح آفاقاً واسعة ينهل منها كل راغب في العلم والمعرفة. وقد توزعت هذه المؤلفات بين كتب، وأبحاث، ومحاضرات وسواها.

أ ـ الكتب المنشورة

- كامل الصبّاح، عبقري من بلادي ـ 1956
- تاريخ نشوء الأرقام العربية ـ 1956
- العبقرية المنسية ـ 1967
- الأثر العربي في العلم الحديث ـ 1967
- مؤشرات العلوم الطبيعية في القرآن ـ 1968
- مؤشرات العلوم الطبيعية في تراث الإمام علي ـ 1968
- أخطار التقدم العلمي في إسرائيل ـ 1968
- أخطار التخطيط الصناعي في إسرائيل ـ 1968
- إخطار الأبحاث الذرية في إسرائيل ـ 1969
- المآثر العربية في الحضارة الغربية ـ 1971
- الله والكون والإنسان ـ 1972
- النقد الديني في الفكر العربي المعاصر ـ 1974

- مفهوم الله ونظريات الفيزياء الحديثة - 1976
- "المدرحية" فلسفة العصر- 1985
- أزمة الفكر العربي المعاصر - 2000
- المشيئة الإلهية في الكون - 2002
- محمد (ص) النبي العالم والرسول المعلم - 2003
- الجالية العربية في كندا - 2009

ب - الإنجازات العلمية

- إختراع محرك لتوليد القوة المحركة بواسطة التفاعلات الحرارية بين الأوكسجين والأزوت - 1951.
- وضع نظرية جديدة في هندسة الأوضاع، طوبولوجيا - 1955
- وضع تفسير جديد للجاذبية الكونية على أساس الظاهرة الموجية في العام 1957
- تعديل لصيغة فتزجيرالد - لورانتز في النسبية الخاصة - 1965
- سلوك الجسيمات المادية في السرعات الفوق ضوئية - 1972
- نظرية مجال الوحدانية الكونية التمائلية العظمى - 1987
- الكشف عن ظاهرة نووية جديدة أطلق عليها اسم: تفاعلات التلاؤم النووي - 1989

والجدير ذكره في هذا المجال أن مؤسسة "هودن - كندا" كانت قد سجلت باسم الدكتور مروّه مجموعة من العمليات والأساليب التطبيقية في حقول توليد الطاقة النووية.

ج - الأبحاث والدراسات

جاءت الأبحاث والدراسات التي أعدّها الدكتور يوسف مروّه لتكون الغطاء الفكري أو التاريخي للحدث موضوع الذكرى أو الاحتفال أو المهرجان الذي يكون بصدده، وتلبية لما تمليه الأصول الأكاديمية في الدراسة أو البحث العلمي. ومن أجل أن يقترب عمله من الكمال منه إلى النقص، كان يحرص مروّه على تأمين عدد كبير من المراجع المتوافرة في المكتبات العامة والتي يمكن لأي كان الاطلاع عليها، وهي تشكل في النهاية الحجج والبراهين لإثبات كل ما كان يطرحه في أبحاثه ودراساته.

وكان يعدُّ دراساتٍ خاصة لكل مناسبة أحياها أو اشترك بإحيائها وقد تعدت بالعشرات، نذكر فيما يلي عناوين البعض منها:

- مهرجان نهاية القرن الرابع عشر الهجري - تورنتو 1980
- مهرجان العلوم الطبيعية العربية في القرون الوسطى - 1982
- مهرجان الفلسفة العربية في القرون الوسطى - 1982
- ذكرى مرور 750 سنة على وفاة الرياضي بن يونس - 1982
- ذكرى مرور 650 سنة على ولادة ابن خلدون - 1982
- ذكرى مرور 1200 سنة على وفاة جابر بن حيان - 1983
- ذكرى مرور 1200 سنة على ولادة الخوارزمي - 1983
- ذكرى الصناعة الكيمائية العربية في القرون الوسطى - 1984
- ذكرى مرور 800 سنة على وفاة الفيلسوف ابن طفيل - 1985
- ذكرى مرور 800 سنة على وفاة الرياضي البطروجي - 1985
- مهرجان تقدم الطب العربي في القرون الوسطى - 1986
- مهرجان تقدم الصيدلة العربية في القرون الوسطى - 1987
- ذكرى مرور 600 سنة على وفاة الرحالة ابن بطوطة - 1987
- مهرجان العلم والتقنية الحديثة في العالم العربي - 1987

- ذكرى مرور 950 سنة على وفاة الفيلسوف ابن سينا - 1987
- مهرجان تقدم الفيزياء العربية في القرون الوسطى - 1988
- ذكرى مرور 950 سنة على وفاة ابن الهيثم - 1989
- الاحتفال بالمعرض الإسلامي العلمي والفني - 1994
- الذكرى الألفية لوصول العرب إلى القارة الأميركية - 1995
- ذكرى الـ 2500 لوصول الفينيقيين ألى القارة الأميركية - 1995
- ذكرى المئوية لوصول جبران خليل جبران إلى بوسطن - 1995
- الاحتفال بالمعرض الإسلامي العلمي والفني - 1995
- مهرجان الرسالة الحضارية في مؤلفات الشهيد الصدر - 1997
- مهرجان الثقافة العربية في كندا - أدمنتن عام 1998
- مهرجان بيروت عاصمة ثقافية - بيروت عام 1999
- ذكرى مرور 5000 سنة على نشوء الكتابة الهيروغليفية والمسمارية - عام 2000
- ذكرى مرور 4000 سنة على نشوء الكتابة الألفبائية - عام 2000
- الدور التاريخي للثورة الحسينية في التراث الثقافي الإسلامي ومنجزات الإمام علي العلمية في التراث العلمي العربي، عام 2001
- الإرتباط بين العلم والدين في الإسلام - عام 2001
- المعرض الإسلامي المتعدد الثقافات - كلنا مهاجرون - عام 2003
- ذكرى مرور 500 سنة على وفاة ابن خلدون - عام 2007

اعتباراً من العام 1995 انضم الدكتور مروّه إلى مسيرة مركز التراث العربي وكان له الدور الفعال في

تحضير أبحاثٍ ودراساتٍ تتعلق بمضمون المهرجانات الثقافية التي نظمها المركز فيما بعد وعرضت في مدينة تورنتو ـ أونتاريو، بين عامي 2000 و2004. أما عناوين المهرجانات فكانت التالية:

ـ التراث الثقافي على امتداد طريق الحرير.......... (2000)
ـ التراث المتعدد الثقافات في حوض البحر المتوسط (2001)
ـ آثار التراث الثقافي العربي في النهضة الأوروبية (2002)
ـ التعددية الثقافية، "النسيج الكندي يجمع العالم"..... (2003)

❖

4ـ العضوية الثقافية والجوائز التقديرية

لم يقتصر عمل الدكتور مروّه على الجانب العلمي كما مرَّ معنا، بل تعدّاه إلى آفاقٍ واسعة من المعرفة والثقافة حتى بات مرجعاً لكل من عرفه. وبديهي أن تتوزع عضويته على مختلف الجوانب التي عمل فيها.

نورد فيما يلي أسماء بعض المؤسسات التي كان له فيها دور فاعل واستحق عضويتها، علميةً كانت أم فخريةً. ونكتفي بذكر أهمها لأن اللائحة الإجمالية قد تطول:

أـ العضوية الثقافية

ـ معهد المهندسين النوويين ـ لندن، انكلترا

ـ المعهد الدولي للتقنية ـ بتسبرغ (الولايات المتحدة الأميركية)

ـ معهد مهندسي الطاقة ـ تورنتو / أونتاريو (كندا)

ـ الجمعية النووية الأميركية ـ إيلنوي (الولايات المتحدة الأميركية)

ـ الجمعية النووية الكندية ـ تورنتو/ أونتاريو (كندا)

ـ جمعية أبحاث الإشعاع ـ واشنطن (الولايات المتحدة الأميركية)

ـ الجمعية الكندية للحماية من الإشعاع ـ أوتاوا (العاصمة الكندية)

ـ الجمعية الأميركية للفحوصات غير الإتلافية ـ كولومبس /أوهايو (الولايات المتحدة الأميركية)

ـ الجمعية الكندية للفحوصات غير الإتلافية ـ أونتاريو (كندا)

ـ الجمعية الكندية لهندسة السلامة ـ تورنتو/ أونتاريو (كندا)

ـ الجمعية الدولية للطاقة الشمسية ـ روكفيل/ مريلاند (الولايات المتحدة الأميركية)

ـ الجمعية الفلكية الملكية الكندية ـ تورنتو/ أونتاريو (كندا)

- الاتحاد العالمي للمؤلفين باللغة العربية - باريس (فرنسا)

- مجمع البلاغة العالمية - دمشق (سوريا)

- جمعية الأمم المتحدة في كندا - تورنتو/ أونتاريو (كندا)

- الاتحاد الكندي للصداقة بين الثقافات - ماركهام/ أونتاريو (كندا)

- مجلس أمناء الأكاديمية الثقافية العربية - بيروت (لبنان)

- مجلس أمناء مركز التراث العربي - تورنتو/ أونتاريو (كندا)

- مجلس البحوث الاستشاري - معهد السيرة الأميركية - راللي/ كارولينا الشمالية (الولايات المتحدة الأميركية)

- اللجنة الاستشارية الثقافية العربية - تورنتو/ أونتاريو (كندا)

- مجلس بيكرينغ الاستشاري النووي بيكرينغ/ أونتاريو (كندا)

ب - الجوائز التقديرية

- الامتياز في البحث التاريخي - الاتحاد الكندي الباكستاني

- الامتياز في التقنيات الجديدة - معهد التقنية العالي، بتسبرغ

- الامتياز في التقنية المعدنية - معهد أونتاريو للتقنية الهندسية

- عضو ربع قرن - معهد أونتاريو للتقنية الهندسية (1995)

- الإنجازات الكندية - حكومة أونتاريو (1997)

- الإنجاز الثقافي - بلدية بيكرنغ / أونتاريو (1998)

- إحياء التراث الإسلامي - جمعية المسلمين التقدميين في كندا

- الإنجاز الإعلامي - المجلس الكندي للصحافة الإثنية (2000)

- الإنجاز العالمي - معهد السيرة الأميركية - كارولينا الشمالية

ـ الإنجاز الثقافي ـ الأكاديمية الكندية للتبادل الثقافي (2000)

ـ المنجزات الثقافية ـ مركز التراث العربي (2000)

ـ الإنجاز البيئي ـ لجنة درهم الاستشارية البيئية ـ أونتاريو (2004)

ـ الإنجاز العلمي بعد سن التقاعد ـ حكومة أونتاريو (2004)

ـ الامتياز في إحياء التراث العربي ـ مركز الجالية العربية (2007)

ـ العمل الممتاز في خدمة الجالية العربية ـ الإتحاد العربي الكندي (2009)

ـ عضو أربعين سنة ـ معهد أونتاريو للتقنية الهندسية (2009)

5 ـ يوسف مروّه
من الأرشيف في مناسبات مختلفة

تابع ـ يوسف مروّه
من الأرشيف في مناسبات مختلفة

الفصل الثاني
<u>ذكرى الأربعين</u>

- لجنة تكريم العالم والباحث   د. يوسف مروّه
- الرباعي الأقدس..............   د. يوسف مروّه
- عبقري من بلادي............. د. عاطف قبرصي
- ليولد يوسف من جديد... الشيخ علي السبيتي
- بمثله نواجه وننتصر.......... خالد حميدان

<u>شهادات موثقة</u>

- الشاعر سعيد عقل
- الأستاذ فارس بدر
- سماحة الشيخ آية الله النابلسي
- فضيلة الشيخ حسين الخشن
- فضيلة الشيخ إبراهيم العاملي
- موقع الجزيرة. نت
- موقع لبنان الجديد
- كامل جابر (جريدة الأخبار)

د. يوسف مروّه
في ذكرى الأربعين على رحيله

رحل الدكتور يوسف مروّه في منتصف الشهر الأول من العام 2019 دونما إشعارٍ أو استئذان. وكان لرحيله الوقع الصاعق على كل من عرفه لما كان يمثل من قيمٍ وصفاتٍ أخلاقيةٍ عالية إلى جانب علومه ودراساته المعمَّقة التي قضى عمره بالتحضير لها مطالعةً وكتابةً، ليقدمها بالمقالات والمحاضرات والندوات والمهرجانات الثقافية، إلى الشباب العربي الذي يكبر في المغتربات دونما توجيه تربوي أو رعاية وطنية. فأحس كل منا، في الجاليات اللبنانية والعربية، أننا فقدنا الكبير والعزيز الذي نحترمُ ونجلُّ لكون الدكتور مروّه نموذجاً حياً يحتذى للصدق والوفاء ومثلاً أعلى للعطاء بلا رجاء أو عزاء..

وعلى الأثر تألفت لجنة من أبناء الجالية العربية قوامها السادة: د. عاطف قبرصي ـ وليد الأعور ـ سميح مقبل ـ فارس بدر ـ د. فريد عياد ـ ميلاد زخيا ـ د. علي الملاح ـ عامر كحاله ـ عدنان نور الدين ـ سهيل الحلبي ـ مصطفى الرفاعي ـ محمد شكرون ـ د. بشير أبو الحسن ـ نظام كبول ـ د. باسم ناصر وخالد حميدان. وكان في طليعة اهتمامات اللجنة إقامة احتفال تأبيني كبير يليق بالراحل الجليل وأطلقت على نفسها اسم "لجنة تكريم العالم والباحث اللبناني الكندي الدكتور يوسف مروّه".

أقيم الاحتفال التكريمي يوم الأحد في 24 آذار 2019 في قاعة الاحتفالات العائدة للنادي العربي الكندي في أونتاريو. وقد جاء بعنوان: "لجنة تكريم الباحث والعالم اللبناني - الكندي الدكتور يوسف مروّه، في ذكرى الأربعين على رحيله، تقيم احتفالاً تأبينياً كبيراً تخليداً لذكراه الطيبة وإنجازاته المتعددة في مختلف المجالات العلمية والأدبية". حضر الاحتفال جمع غفير من أبناء الجاليات العربية وكان برعاية المؤسسات التالية:

- الحزب السوري القومي الاجتماعي / مديرية تورنتو
- جمعية الهدى الإسلامية اللبنانية في أونتاريو
- البيت الفلسطيني في تورنتو
- الجمعية الدرزية الكندية في أونتاريو
- الإتحاد العالمي للمؤلفين باللغة العربية / فرع كندا
- مركز التراث العربي في كندا

تكلّم في الاحتفال تباعاً:

- الدكتور عاطف قبرصي / الحزب السوري القومي الاجتماعي
- سماحة الشيخ علي السّبيتي / جمعية الهدى الإسلامية
- وليد الأعور / الجمعية الدرزية الكندية
- الدكتور فريد عيّاد / البيت الفلسطيني
- خالد حميدان / مركز التراث العربي
- ناصر يوسف مروّه / عائلة الفقيد

قدّمتْ الاحتفال وعرّفتْ بالمتكلمين السيدة ريما البراضعي زهر الدين. وكانت قد استهلت الكلام برثاء الفقيد وتعداد مزاياه والتعبير عن الحالة النفسية بما تيسر من الأدب الوجداني.

لم يقتصر الاحتفال على إلقاء الخطب وحسب، بل تضمن فقرات أخرى منها عرض فيلم وثائقي (مدته 30 دقيقة) عن الدكتور يوسف مروّه من إعداد وتقديم خالد حميدان، بالإضافة إلى عرض بعض الصور والوثائق والمقتطفات الصحفية والشهادات العلمية والتقديرية التي عثرت عليها عائلة الفقيد ضمن الأوراق والملفات الكثيرة التي كان يحتفظ بها، تظهر ضلوعه في مختلف المجالات التي عمل فيها.
نورد فيما يلي كلمة للدكتور مروّه وبعض الشهادات من مقربين له، نشرت في كتيب الدعوة إلى الاحتفال التأبيني.

أ ـ الرباعي الأقدس

إن مسألة الكشف عن الحقيقة ومعرفة اليقين تعتبر ذات خصوصية مميزة. والملاحظ أن كل باحث، يبني معرفته نتيجة دراساته وتجاربه الخاصة. وذلك يحتاج بلا شك إلى جلد وصبر وإلى ممارسة تمارين مجهدة والخضوع لأحكام الرياضة النفسية والجسدية. وهكذا فإن البرامج العملية تجعل الفلسفة موضوعاً تجريبياً لا مجرد نصوص، وهي ترتبط ارتباطاً عضوياً بالعلوم الأساسية الأربعة: الرياضيات والفيزياء والأحياء (البيولوجية) وعلم النفس، والتي تمثل بدورها الرباعي الأقدس: العقل والمادة والحياة والروح..

(يوسف مروّه)

ب ـ عبقري من بلادي..

العالم الدكتور يوسف مروّه، عبقري من بلادي، عملاق.. مبدع.. أغنى المكتبة العربية بمؤلفاته واجتهاداته العلمية كما ساهم في

تطوير بعض القواعد والأساليب التقنية، من خلال نظريات واكتشافات وضعها في حقول الفيزياء والرياضيات والتطبيقات الصناعية وغيرها، كانت بمثابة بصمات ثابتة في سجل الحضارة الإنسانية بحكم اعتمادها وتطبيقها في عدد من الدول الأوروبية والأميركية لا سيما في كندا والولايات المتحدة..

كان لي شرف معرفة الدكتور مروّه في الوطن كما في المهجر. وإنني أجزم القول واثقاً إن العزيز الذي رحل ظلَّ طوال مسيرته العلمية والفكرية، على وفائه للمبادئ التي آمن بها منذ أن كان على مقاعد الدراسة، رفيقاً مبشراً بعقيدة سعادة، مستلهماً حقيقتها وصحتها طريقاً نهضوياً، لتنتصر الأمة بقيم الحق والخير والجمال..

د. عاطف قبرصي
أستاذ الاقتصاد في جامعة ماك ماستر

ج ـ ليولدَ يوسفُ من جديد..

لقد تميزت شخصية الراحل الدكتور يوسف مروّه بتعددية آفاقها العلمية وشمولها المعرفي إذ لم يدخله اختصاصه الأكاديمي في إطاره المحض فتعداه إلى التاريخ والفلك والأدب، والفقه والدين والسياسة. فلا يكاد سامعُه ينطق بالسؤال حتى يبادره الراحل بصوت هادئ يحكي نفساً متواضعة وخلقاً رفيعاً، بجوابٍ شافٍ وشرحٍ كافٍ يغنيك عن مواصلة الجدل أو الإلحاح بالسؤال.. إن هذا التاريخ العابق بالعلم والنور يهتف بأبنائنا إلى الأخذ به بكل فخر واعتزاز ليولدَ بيننا يوسفُ من جديد..

سماحة الشيخ علي السّبيتي
جمعية الهدى الإسلامية

د ـ بمثله نواجه وننتصر..

يرى البعض بأن الإبداع العربي معطل اليوم، كما التراث العربي، إلى أجل غير مسمى. هذا أمر مرفوض دون شك ذلك أن الدراسة التي بحوزتنا في مركز التراث العربي تشير إلى متفوقين مبدعين من الجنسيات العربية المختلفة يتوزعون بين الفلاسفة والمخترعين والمكتشفين وواضعي النظريات الجديدة في العلوم والرياضيات والطب، والفيزياء، والفلك وغيرها.. وإذا أجيز لنا تصنيفهم نقول إنهم صانعو التراث العربي المعاصر.. ومثال هؤلاء العباقرة واحد من أبناء جاليتنا اللبنانية في كندا، العالم الدكتور يوسف مروّه، الذي كان له الباع الطويل والإنتاج الوفير في العلوم الفيزيائية والفلكية والرياضيات وغيرها، وكانت لمساهماته البصمات النافرة في الحضارة الغربية التي يدَّعيها الغرب ويفاخر بها..

تحية كبيرة إلى هذا العالِم العملاق الذي بمثله نعتز ونفاخر.. وبمثله نواجه التحديات الحضارية وننتصر..

خالد حميدان
رئيس مركز التراث العربي

ـ شهادات موثقة ـ

الشاعر سعيد عقل، كتب في تقديمه لكتاب مروّه "العبقرية المنسية" عن العالم حسن كامل الصباح: "صفحات وفاء، من عالم شاب، يحل محل دولة؟ بل أكثر. إنّها صيحة مناضل من أجل تحويل العالم

47

حسن كامل الصباح الى نهضة صيحةٍ مقنعة، كالأمل، كأغنية تهدهد وكالحب. ويا شرف ما يدعو اليه.. وفيٌّ بعظمة عظيم."!

الأستاذ فارس بدر، وفي فقرةٍ من مقال طويل كتبه حول شخصية الدكتور يوسف مروّه يقول:

"متواضعٌ كسنابل القمح، ثاقب النظر والرؤية، عميق الفهم، يملك مفاتيح المعرفة في العلم والتاريخ والاجتماع والسياسة وكأنّي به واقِفٌ على أرضٍ صلبة ترسَّخت في قواعدها ثوابتُ ومرتكزاتٌ بناها مدماكاً فوق مدماك، غارفاً من ثقافته العقائدية في الفكر القومي الاجتماعي ومن ثقافته الدينية المنفتحة، المتحرّرة من عبوديّة النصوص المشحونة بالغيبيّات. يوسف مروّة ليس كاتباً محترفاً، بل صاحب قضية.. يخشى من حضارة اتّسع علمها وكثرت وسائلها وتخلُّف ضميرها. إنَّهُ صاحب قضية وفكر يرتبط بمنهج متصلٍ بعمق المأساة الاجتماعية وصميم المشكلات التي تعيق تحرر الإنسان."

الجزيرة.نت: عبر نافذةٍ صغيرة في منزل والده المتواضع في النبطية، أطل الشاب يوسف مروّه بخياله وآماله نحو الحلم الكبير توقاً إلى العلم والاختراع، متأثراً بواحدٍ من عباقرة العرب المنسيين، فكان التأثر وقرار الفكرة في وجدانه وعقله على اقتفاء الأثر، وبثنائية العلم والدين كانت بداية الرحلة لفهم الوجود بما هو موجود، وبداية الخطى إلى ما قدِّر لها من ملامح

واتجاه، متخذاً من المنهج الديني السبيل إلى فهم العلم وتطويع الطبيعة عبر فهمهما وصولاً إلى الحقائق الكبرى، ولأن المقاصد رهينة بالطلب في تحققها يخضع العلم دليلاً عندما تكون الغاية منه فهم واقع الخلق والمخلوق، هدفاً للوصول إلى عظمة الخالق.

لم يكن الوضع ملائماً في لبنان لتشجيع المبدعين أمثال الدكتور مروّه، مما اضطره إلى الهجرة حيث استطاع أن يحلّق بطموحاته.

سماحة الشيخ حسين الخشن يتساءل، معدِّداً مزايا الراحل، عمّ إذا كان سيعودون المسلمون ليلعبوا دورهم في الحضارة الإنسانية: "إنهم بالتأكيد لن يعودوا إلا إذا امتلكوا الثقة بأنفسهم وأطلقوا العقل من سجنه وعقاله، وأعادوا للإنسان احترامه واهتموا بطاقاتهم المبدعة".

وجاء في نعي الدكتور مروّه للشيخ **إبراهيم العاملي** (موقع جنوبية): كان يتميز الدكتور مروّه، بالإضافة إلى الجلد العلمي والجدارة العلمية التخصصية، بالخُلُقِ الرفيع والحس الإنساني المرهف، وترى فيه صفات العلماء والصالحين، والأتقياء، والأذكياء والنبهاء. كان يتواضع لعلماء الدين، ويعيش هموم أمته ومآسي وطنه.

والجدير ذكره أن الدكتور الشيخ إبراهيم العاملي يدعو منذ وقت لإعادة تأهيل الحالة الدينية في لبنان.

موقع لبنان الجديد: بالإضافة إلى غزارة انتاجه العلمي، اهتم الدكتور مروّه بالشؤون الفكرية والثقافية. ومن مساهماته أبحاثٌ متعددةٌ عن الحضارة الإسلامية والعربية.

منذ ما يزيد عن نصف قرن، هاجر حاملاً الحلم العربي معه، والآن رحل للمرة الأخيرة ولم يتحقق من آماله وطموحاته الكثير في لبنان أو الدول العربية.

وفي نعي سماحة آية الله النابلسي للعالم الدكتور مروّه يقول:

"رحمه الله، كان الأديب والقارئ، والأستاذ، والمفكر والمبدع. بذل حياته في خدمة العلم والأخلاق ومساعدة المؤمنين وكان للجالية اللبنانية والإسلامية في كندا قدوة صالحة. أعلى الله مقامه وحشره مع الصديقين والأولياء والأنبياء."

جريدة الأخبار: من مقال شامل للأستاذ كامل جابر عن الدكتور مروّه نشر في جريدة الأخبار اللبنانية جاء فيه: "ابن عائلة مروّه، اعتاد وجود رجال الدين في بيتهم. تلك العائلة العريقة، ضمت عدداً كبيراً من المبلغين والأئمة، الذين كانوا يزورون منزل والده، وكان مروّه الطفل يناقشهم ويتعلم منهم. لكنّ المشهد الذي لا يفارق ذاكرته، هو قبة ضريح كامل الصباح الذي كان يراها كلما فتح نافذته. تأثر بالصباح وبتراثه العلمي، وصار الأخير نموذجاً بالنسبة إليه في النبوغ والتحصيل.."

❖

الفصل الثالث
الاحتفال التكريمي

أ ـ **الفيلم الوثائقي** (إعداد خالد حميدان)

ب ـ **كلمة السيدة ريما البراضعي زهر الدين**

ج ـ **كلمة د. عاطف قبرصي**

د ـ **كلمة الشيخ علي السّبيتي**

ه ـ **كلمة الأستاذ وليد الأعور**

و ـ **كلمة د. فريد عيّاد**

ز ـ **كلمة الأستاذ خالد حميدان**

الاحتفال التكريمي

تكريم العالم اللبناني الكندي
الدكتور يوسف مروّه
في احتفال تأبيني كبير أقيم في مدينة تورنتو

أ ـ نورد الخبر فيما يلي كما نشرته الصحف العربية الصادرة في مدينتي تورنتو ومونتريال:

بتاريخ 24 آذار 2019، أقيم في مدينة تورنتو احتفال تأبيني كبير للعالم اللبناني الكندي الدكتور يوسف مروّه الذي وافته المنية في مطلع العام 2019. حضر الاحتفال عدد من رجال السياسة ومسؤولي المؤسسات العربية وبعض الأساتذة الجامعيين إلى جانب حشد كبير من أبناء الجاليات اللبنانية والعربية حيث عرضت للراحل بعضٌ من مؤلفاته وعددٌ من الشهادات التكريمية التي حاز عليها في حياته تقديراً لإنجازاته العلمية الكثيرة. كما عرض فيلم وثائقي لمدة ثلاثين دقيقة تعريفاً بالدكتور مروّه وإنجازاته العلمية وتوثيقه لوصول الفينيقيين والعرب إلى القارة الأميركية قبل كولومبس بآلاف السنين، من إعداد وتقديم الأستاذ خالد حميدان. وقد توالى على الكلام كل من الدكتور عاطف قبرصي، الشيخ علي السّبيتي، الأستاذ وليد الأعور، الدكتور فريد عياد والأستاذ خالد حميدان. وقد أضاءت الكلمات بمجملها على مساهمات الفقيد وإنجازاته في الحقول العلمية والأدبية المتنوّعة وفاءً لروحه وتخليداً لذكراه الطيبة. قدمت برنامج الاحتفال السيدة ريما البراضعي زهر الدين.

ونشير هنا إلى الكلمة الوجدانية التي ألقتها السيدة البراضعي في مستهل الاحتفال. وهي بالمناسبة تحمل إجازةً في الأدب العربي وماجستير في الفلسفة ولها العديد من المحاولات الأدبية والفلسفية وفي طليعتها بحث أكاديمي نشر في كتاب بعنوان:

"المنحى الأخلاقي في فكر كمال جنبلاط".

بعد ترحيبها بالحضور باسمِ لجنةِ تكريمِ العالم الدكتور يوسف مروّه، وتقديمها الشكر للنادي الثقافي العربي في أونتاريو الذي يستضيفُ الحدثَ، أردفت قائلةً:

ب - "أدمعتْ عينا العربية، وسالَ كِحلُ جفونِها، فقد تصدَّعَ بعضٌ كثيفٌ حين رحلتَ، بطيّبٍ من ثَرى، ينثرُ على الأفئدةِ حزناً ويجلو على المطارحِ أنساً من ذاك العبقريّ بذكرى..

إننا لَنتمثلُ في يومِ ذِكراكَ، سيرتَكَ المباركةَ، ونتَّضعُ أمامكَ يا مانحاً دونَ منّة، يا أيها الآتي إلينا من اللازمانِ أو مكانٍ محلقاً، عبقريَ الظاهرةِ.. فما اهتدتْ أمةٌ إلا بهدْيِ مفكريها ولا انصرحتْ حضارةٌ إلا بإنجازاتِ مبدعيها، فهنيئاً لك إذ كنتَ أنت لها الركيزةَ وكانت بك صرحاً عظيماً..

إن شعباً من شعوبِ هذه الأرض لَيفخرُ بانتمائِك إليه، بشغفِكَ الذي نما على هبّات القلوبِ، بقلقِ الباحثِ عن المعنى لا يثنيهِ عبثٌ عن مسيرةِ البحثِ ولا يُتعبهُ غموضٌ عن خوضِ التجربةِ والمغامرة.. د.

يوسف مروّه حسبُنا الألقابُ في إثرِكَ تلهثُ فلا تُدرِكُ لنفسِها القرارَ، فهي من التطّورِ بمنهلِهِ، ومن العلومِ والفلسفاتِ بجامعتِه، يرودُه كلُّ راغبٍ متعطشٍ لنورِ المعرفة..

رحلَ يوسف مروّه.. نعم رحل. حملَ مع أوجاعِه حُزناً من أحزانِنا، آلمنا أن يُطفأَ سِراجُه.. ويبقى فقدانُه مغيبَ أحلامٍ سبقتْ هدوءَ ذلك الغياب.."

ج ـ كلمة الدكتور عاطف قبرصي

ـ يقولون: فلانٌ هو من المقرَّبينَ أو الأقربينَ.. أما فلانُنا لهذه المناسبةِ هو الأقربُ بالروحِ للفقيدِ الذي رحَلَ، قُربَ الفراشةِ للضوءِ ونورِهِ المعشوق..

للإضاءةِ على دورِ د. مروّه في إغناءِ الحضارةِ الإنسانيةِ، يحدِّثنا الدكتور عاطف قبرصي عن اجتهاداتِه وإنجازاتِه العلميةِ كما عن نضالاتِه الانسانيةِ والقوميةِ، وهو الذي عرفَ الراحلَ رفيقاً وصديقاً في الوطنِ كما في المهجر..

ـ دكتور عاطف قبرصي، واحدٌ من أشهرِ خبراءِ الاقتصادِ المدافعين عن حقوقِ العربِ ومواردِهم وثرواتِهم الطبيعيةِ من خلالِ مؤلفاتِه العديدةِ والمؤتمراتِ الدوليةِ التي شاركَ فيها. كما أنَّه الصوتُ المدوّي لإرساءِ نهضةٍ اقتصادية تهدفُ إلى اندماجِ العربِ في مجتمعِ المعرفة.

ـ هو أستاذُ الاقتصادِ في جامعةِ ماك ماستر منذ العام 1969، بالإضافةِ إلى تولّيه عدداً من المناصبِ والمهامِ الاقتصاديةِ على المستوياتِ الكنديةِ والعربيةِ والدوليةِ أهمُّها المنصبُ الاستشاريُّ لدى مؤتمرِ الأممِ المتحدةِ للتنميةِ والتجارة..

كلمة الحزبِ السوري القومي الاجتماعي يلقيها الدكتور عاطف قبرصي.

الفلسفة والعلوم دعامة أساسية للإيمان

"عرفته في الوطن كما عرفته في المهجر، عرفته شاباً وعرفته كهلاً، وبقي يوسف العالم والباحث، والعبقري المتواضع، الثابت في موقفه القومي والعلمي.

كان يفتش عن الحقيقة، عن الجوهر، عن الأسس والأساس، عن المعرفة الثابتة الصافية.

لم يسعَ يوماً إلى المناصب ولم يأخذْه التبجح بالإنجازات وهي كثيرة وقيّمة. لقد بقيَ طوال حياته، رغم نجاحاته الكثيرة، إبن النبطية الصامدة الغنية بالعلماء والعبقريات. إبن النهضة القومية التي ظلَّ ملتزماً بها ورافعاً شعاراتِها ومبادئَها، دارساً متعمقاً بفلسفتِها كما لم يفهمْها أحد.

كتب عن عبقرية حسن كامل الصباح وكأنه يكتب عن نفسه. كتب في الفكر الصناعي وعن الصناعات الحديثة التي وجدت الأساس لها في اختراعات الصّباح.

ونقف نحن اليوم أمام تحدٍ كبير لنكتب عن اختراعات واكتشافات الدكتور يوسف مروّه في الرياضيات والفيزيائيات وعلم الذّرة وفي فصل الكيمياء عن الفيزياء وغيرها من النظريات التي كانت سابقةً لعصرها وقد تبناها الغرب فيما بعد في مختبراته.

لكن الأهم والذي أريد التركيز عليه هو أن مروّه كان من أوائل الذين انتبهوا إلى أهمية التقدم العلمي والصناعي في تحصين الموقع

القومي وتدعيم المناعة الوطنية في فلسطين وسائر مواقع الأمة. وكان أول من أشار إلى الخطر الإسرائيلي في كتابه "أخطار التخطيط الصناعي في إسرائيل" الصادر عام 1968 بحيث أن تقدمها الصناعي يدعّم الكيان الصهيوني في اغتصابه للأرض ويعطيه القدرة على إنتاج صناعات عسكرية متطورة. وها هي إسرائيل اليوم تصدّر الطائرات والمعدات العسكرية التي تحمي بها اغتصابها للأرض وللموارد الكامنة في جوفها. هذا بالإضافة إلى تسويق منتجاتها إلى سائر أنحاء العالم لا سيما إلى كندا والولايات المتحدة، حتى التي تنتج في المستوطنات (غير القانونية) متحديةً بذلك أبسط القوانين الدولية.

وكان للدكتور يوسف مروّه دورٌ رائدٌ إزاء الخرق الإسرائيلي هذا إذ كان من أوائل الذين تنبهوا لهذا الأمر وكتب مطالباً الحكومة الكندية أن تتقيد بالمعاهدات التجارية الموقعة مع إسرائيل.
لم يتقوقع الدكتور مروّه في صومعته العلمية ولم يختبئ خوفاً على حياته من التهديدات، بل كان علماً بارزاً على المنابر العربية والأوروبية والأميركية وفي الجامعات والأندية وكان يعلن مواقفه الجريئة في مختلف وسائل الإعلام.

قلة من البشر استطاعت أن تجمع بين الإيمان بالدين والإيمان بالوطن. الدكتور مروّه جمع بين الإثنين ويقول إن الإيمان بالوطن لا ينفصل عن الإيمان بالله ويعتبر العلم والعلوم دعامة أساسية للإيمان. لقد تدين دون تعصب أو تطرف وكان تدينه انسجاماً كاملاً مع نفسه، مع طبيعته الوديعة ووجدانه الصافي. تبنى فلسفة سعادة في الحياة على أنها تفاعلٌ تامٌ بين المادة والروح ودون أن تسبق الواحدة

الأخرى، بخلاف ما ورد في فلسفة هيغل الذي يؤمن بأن الروح تسبق المادة. وقد جاء في كتاب يوسف مروّه: إن النهضة السورية القومية الاجتماعية تعلن، بحسب الفلسفة المدرحية التي طرحها سعادة، أن المادة والروح تكملان بعضهما البعض ولا تتقدم الواحدة على الأخرى.

إنني على يقين بأن الدكتور يوسف مروّه، انسجاماً مع تواضعه، كان ليخجل من مديحه وتكريمه اليوم. والحق يقال إننا تأخرنا عن تكريمه مراراً نحن الصحابة الذين عرفناه وعاشرناه ورافقناه في عطائه وإخلاصه الدائم لقضيته السامية.

سنفتقده اليوم لأنه غادرنا بالجسد لكنه حيٌّ بيننا طالما للفكر والعقيدة والمناقبية شأنٌ وأهميةٌ".

د ـ كلمة سماحة الشيخ علي السّبيتي:

"تميَّزَتْ شخصيةُ العالِمِ الدكتور يوسف مروّه بتعدُّدِيةِ آفاقِها العلميةِ وشمولِها المعرِفي إذ لم يسجنه اختصاصُه الأكاديمي، بل نَجِدُهُ يَتعدّاهُ

إلى التاريخِ والأدبِ، والفقهِ والدينِ والسياسة.."ـ هذا القول هو لصديق الدكتور مروّه، سماحةِ الشيخ علي السّبيتي، نجلِ سماحةِ حجَّةِ الإسلامِ والمسلمين الشيخ محسن السبيتي، إمامِ بلدةِ كفرصير في جنوبِ لبنان وأحدُ أُمناءِ دارِ الافتاءِ الجعفري.

ـ حازَ الشيخُ علي السّبيتي على درجةِ الليسانس في علومِ الإلهياتِ والفلسفةِ الإسلاميةِ من جامعةِ آزاد في طهران.

ـ هاجرَ مع العائلةِ إلى كندا عام ١٩٨٧ حيثُ شاركَ في معظمِ المؤتمراتِ والندواتِ الإسلاميةِ التي أقيمتْ في الولاياتِ المتحدةِ وكندا إلى أن لبىَّ دعوةَ الجاليةِ اللبنانيةِ في تورنتو لإمامةِ مركزِ الهدى الإسلامي ثم انتقلَ بعد سنواتٍ إلى مدينةِ مونتريال.

ـ جَمعَ له مركزُ الرَّسولِ الأعظمِ للإعلامِ مقالاتٍ متعددةً حولَ الهجرةِ وتحدياتِها طُبعتْ في كتابٍ بعنوان: "الهجرةُ بين السلبِ والإيجاب"..

ـ تلقّى جوائزَ تقديريةً متعددةً من مراجعَ رسميةٍ وأهليةٍ لحواراتِه ومساهماتِه الفكريةِ والإنسانية..

عن جمعيةِ الهدى الإسلامية، نبقى مع كلمةِ سماحةِ الشيخ علي السّبيتي.

" إلى روح من جمعنا غيابه كما كان يجمعنا حضوره..

إلى روحه الطاهرة في عليائها..

عندما يملك المرء روحاً متوقدةً، فإن الفراشات المتلونة في غداة ربيع، تتحلق من حوله لأنها لا تستطيع إلا أن تنجذب للضوء.. إلى النور.. لأنها تكره العتمة والظلمة والجهالة.. هكذا كان فقيدنا الراحل

صاحب روحٍ متوقدةٍ علماً وأدباً وحباً، وحنواً ووطنيةً وإنسانيةً. لا يمكنك إلا أن تستريح عند بساط حديثه وأن تركن قلباً وقالباً إلى منطوق حكمه وعطاءاته.

"يرفع اللّه فيكم من أوتي العلم"

كذا عرفناه منذ التقيناه. فكان العالم المتواضع لأن الشجرة المثمرة هي التي يتدلّى غصنها انحناءً وليست الأشجار الباسقات..
كانت شراكة مع د. مروّه لتأسيس جمعية الهدى الإسلامية اللبنانية لجمع أبناء الجالية وإحياء التراث والحديث عن الحياة والموت وعن شجون الاغتراب والتحديات التي تواجه الجاليات العربية.
إذا كان لبيئة الإنسان وتكوينها دخالة في تكوين شخصيته، فلا غرابة أن تكون في حضرة عالمٍ جهبذٍ كالدكتور مروّه، لأن التاريخ يحدثنا عن جبل عامل وعن تردد الكثير من علماء وأدباء آل مروه إلى أكثر من أربعين قرية وبلدة. فليس غريباً أن تشهد هذه السلالة والعائلة الكريمة وجهاً مضيئاً كوجه فقيدنا الراحل..

أما عن النبطية فكتب يقول: عندما كنت أرمق من نافذة غرفتي، كانت تتراءى لي صورة العالم الكبير حسن كامل الصبّاح. فتأخذني الأفكار إلى آفاق العلم والأدب والاختراعات وخدمة الفكر الإنساني.. فكأني بروح الصبّاح أشرقت في نفس مروّه من جديد. أما عندما تتحدث عن هذه البقعة من عالمنا العربي، فهي منجم للأدمغة البشرية التي دفعتها الظروف والأحداث إلى الانتشار في جميع أصقاع العالم ليسهموا في تطورها وازدهارها. وأتوقف هنا مستغرباً كيف أن مثل هؤلاء لا يتكرمون وهم أحياءٌ وأقول: إن الأمة التي لا تكرِّم علماءها، فإنها تتخلى عن كرامة أعطاها الله تبارك إلى أهل العلم. وقد جاء في القرآن الكريم: "يرفع الله فيكم من أوتي العلم". فإذا كان الله يرفع هؤلاء فلماذا يتخلى الإنسان عن دوره؟

يهمني التأكيد في أن علماءنا ليسوا بحاجةٍ إلى هذه الرفعة، ولكننا نحن من هم بحاجة لأن نشير بعقولنا وقلوبنا وأقلامنا إلى هاماتٍ شامخاتٍ ومراجع علم ومعرفة لتكون قدوة للأجيال القادمة.

هذا الجيل بحاجة إلى تاريخ يفخر به لإثبات الوجود في المجتمع الجديد. فإنني أدعو إلى مؤتمراتٍ ولقاءاتٍ ثقافية لتعريف الشباب على مبدعينا وإبداعاتهم حتى لا يشعروا بالنقص أو الدونية وكأنهم يعيشون على هامش الحضارات الأخرى. ولا يسعني إلا أن أتوجه إلى كل من يملك دوراً أو موقعاً مؤثراً أن يتعالى على كل الصغائر لنعود معاً إلى مرحلةٍ كانت أفضل للاجتماع والتشاور والوحدة في سبيل رفع كلمتنا عالياً.

نعيش في المغتربات بعيداً عن الوطن وعلينا أن نواجه التحديات بالعلم والثقافة ذلك أننا لسنا وجوداً طارئاً. الحق أحق أن يتبع ولا يمكن للمزورين أن يغيروا في الحقيقة بشيء. فالأرض لأهلها

والتاريخ لأهله والمستقبل للمضحين الذين يبذلون أرواحهم من أجل أن نعيش بالعزة والكرامة.

هذا ما تعلمناه من الدكتور يوسف مروّه. لقد غادر مطمئن البال على عناية تلقاها، ولكنه غادر مشغول البال على مستقبلنا. فلنكن له أوفياء في بناء مستقبل نفاخر ونعتز به.

ه ـ كلمة الأستاذ وليد الأعور

ـ ديناميكيٌ، يحلِّقُ في غمارِ الحياةِ مجتهداً ومكافحاً. يسعى لتحقيقِ أحلامه وفي ظنِّه أن بلوغَ بعضها مستحيلٌ.. ويفاجأُ متى حقَّقَ هدفَه أن المطلبَ لم يكنْ صعبَ المنالِ وإنما كانَ يلزمُهُ التصميمُ المُحْكَمُ..

ـ هكذا واجهَ الأستاذ وليد الأعور التحدياتِ في مسيرتِه الاجتماعيةِ واستطاعَ بفعلِ الثقةِ بالنفسِ أن يتغلَّبَ عليها..

ـ ساهمَ في بناءِ ورعايةِ البيتِ الدرزي في تورنتو الذي أُطلِقَ عليه منذ اليومِ الأول: بيتُ التوحيدِ بيتُ العرب. وقد عملَ بجهدٍ متواصلٍ للاستحصال على العطاءات والمنحِ الحكوميةِ الخيريةِ لدعمِ وتطويرِ ذلك البيت.

ـ ساهمَ في معظمِ الفعالياتِ العربيةِ حضوراً ورعايةً بصفتِهِ الرئيس الفخري للجمعيةِ الدرزيةِ الكنديةِ.

ـ أسَّسَ "الشبكة العربية الكندية" إلى جانبِ مجموعةٍ من المثقفين العرب، بهدفِ تقديمِ خدماتٍ لشبابِ الجاليةِ في مجال الوظائف العامة والخاصة.

ـ حازَ على عِدَّةِ جوائزَ تقديريةٍ كان أهمُّها وسامُ اليوبيلِ الماسي الملكي البريطاني، تقديراً لخدماتِه ومساهماته الاجتماعية..

كلمةُ الجمعية الدرزية الكندية يُلقيها الرئيسُ الفخري للجمعية الأستاذ وليد الأعور.

أمام الخطب الجلل تنحني الكلمة إجلالاً

"إن الله له ملك السماوات والأرض، يحيي ويميت وهو على كل شيء قدير.. ويا أيها الذين آمنوا اتقوا الله وقولوا قولاً سديداً، يصلح لكم أعمالكم ويغفر لكم ذنوبكم، إن الله يحب المتَّقين..

ومن كانوا منكم يدعون إلى الخير ويأمرون بالمعروف وينهون عن المنكر، أولئك هم المفلحون.. صدق الله العظيم.

لا شك أن في هذه الآيات الكريمة الكثير من التوصيفات التي تحلى بها فقيدنا الكبير ما يشرفني الوقوف ومشاركتكم هذا المنبر إخوةً أعزاءَ لطالما شعرت إلى جانبكم بكل الاحترام والمودة والتقدير..

أما للحديث عن المرحوم الدكتور يوسف مروّه، فيصعب التعبير إذ أمام الخطب الجلل تنحني الكلمة إجلالاً. لذا سأحدد مشاركتي بسرد بعض الأعمال التي تسنى لنا القيام بها برفقة الدكتور مروّه. فهو كان لي، كما لكثير منكم، بمثابة الأب والأخ والصديق والرفيق، قلما تجتمع هذه الصفات بشخص واحد إن لم تكن فيه لمسة من العليّ القدير..

لقد حثنا منذ البدايات على الإيمان والتعلق بالوطن والقضية الفلسطينية. مهّد لنا التواصل والتلاقي مع مختلف المؤسسات اللبنانية والعربية والكندية.

حثنا على العمل السياسي بحيث نطالب بحقوقنا ونقوم بواجباتنا.

- عملنا معاً في "جمعية المسلمين التقدميين في كندا".
- عملنا معاً في إحياء ذكرى التحرير.
- شاركنا معاً في احتفال عيد الفطر داخل مجلس Queen's Park
- أقمنا بمعيته في البيت الدرزي لقاءً فكرياً ودينياً وأخلاقياً بمستواه العميق حيث استضفنا سماحة السيد عبد الكريم فضل الله وتطرقنا إلى مواضيع متعددة منها فكرة الاستنساخ البشري بعد نجاح عملية Dolly & Molly.

- كذلك عملنا إلى جانب الدكتور مروّه على نشر تأكيده يوم أعلن أن كريستوفر كولومبس هو آخر من اكتشف أميركا..

كان مروّه يعتمد في أبحاثه على الوثائق العلمية والجغرافية والتاريخية لإثبات طروحاته واكتشافاته وها هم اليوم علماء الآثار في الولايات المتحدة يثبتون نظرياته التي عمل عليها في ثمانينات القرن العشرين المنصرم.

مهما قلنا في الراحل الكريم، لن نفي هذا الرجل العظيم حقه. لقد كان مؤمناً، كريم الأخلاق، صادق المقال، محباً، متسامحاً. واجه كل التحديات بالصبر والثبات والتضرع لله عزّ وجلّ.

تعمّق في فهم الأديان والمذاهب وكتب في المعتقد الديني بين نصوص الوحي واجتهادات العقل حيث وجد عشرات الآيات التي تشير إلى قواعد أدب الأخلاق بين المذاهب والمعتقدات الإسلامية وخلص إلى وجوب التعامل معها بالتسامح والحوار الموضوعي.

الموت حق وعبرة. وأجمل العبر أن نحتفظ بإرث الراحل الطيّب ونكرس القيم التي علمنا إياها بالعطاء والقدوة.

يعود فقيدنا اليوم إلى ربه راضياً مرضياً، ممدوح السجايا، محمود الخصال، طاهر النفس.. طيّب الله ثراه وأسكنه فسيح جناته.

باسمي وباسم الجمعية الدرزية الكندية، أتقدم من آل الفقيد ومنكم جميعاً بأحر التعازي القلبية. لفقيدنا الرحمة ولعائلته الصبر والسلوان وللجميع من بعده طول البقاء"..

و ـ كلمة الدكتور فريد عيّاد

ـ الدكتور فريد عيّاد، كنديٌ من أصولٍ فلسطينيةٍ، هاجرَ إلى كندا عام 1983 ليمارسَ مهنةَ طبِّ وجراحةِ الفمِ والأسنان..

ـ زميلٌ في الأبحاثِ العلميةِ في كليةِ الطبِّ بجامعة هارفارد، وزميلٌ مشاركٌ في الأكاديميةِ الأمريكيةِ. كما إنه ينتمي إلى العديدِ من

الجمعياتِ ويُشاركُ بأبحاثِه في المؤتمراتِ والندواتِ الدوليةِ التي تُعنى بصحةِ الفمِ والأسنان.

- يَسعى د. عياد، منذُ بدايةِ رحلتِه الاغترابيةِ إلى تطويرِ حقوقِ واحتياجاتِ المجموعاتِ المستضعفةِ في كندا وخارجِها.

- تسلَّم رئاسةَ الإتحادِ العربي الكندي كما تسلّمَ في وقتٍ سابقٍ رئاسة البيتِ الفلسطيني. كذلك له نشاطاتٌ عديدةٌ في عدد من المؤسساتِ الثقافية والاجتماعية في كندا والخارج.

- شارك بتأسيسِ عدة جمعيات عربية كما شاركَ في "تصوُّرِ مهرجانِ فلسطين السينمائي" في تورنتو ومبادراتِ "الجري من أجل فلسطين".

كلمةُ البيتِ الفلسطيني يُلقيها الدكتور فريد عيّاد.

"باسمي وباسم الجالية الفلسطينية في تورنتو، أتشرّف وأعتز بأن أشاركَ في هذه الأمسية، لتكريم هذا الصرح العلمي الكبير المغفور له الدكتور يوسف مروّه.

عندما جلستُ لتدوين بعض الأفكار عن الدكتور مروه، وجدتُ نفسي غارقاً في بحرٍ يزخُر بعطاءِ هذا الرجل، العالم، الأديب، المتصوف، الإنسان والوطني. والحق أنني امضيتُ ساعاتٍ طوال في مراجعة بعض ابحاثه ونظرياته العلمية التي طُبقتْ في العديدِ من المجالات. واسمحوا لي ان أشارِكَكُم بعضها باللغة الإنكليزية:

• He originated a new mathematical theorem in Topology in 1954 (the study of geometrical properties and spatial (space) relations unaffected by the continuous change of shape or size of figure).
• He modified the Lorentz-Fitzgerald for special Relativity in 1965.• He was in charge of research in radiation control, industrial radiography and ultrasonic.

• He investigated the behaviours of matter in superhumanly speeds in 1972.

أقترح تخصيص منحة دراسية باسم د. مروّه

يعود تاريخ أول دراسةٍ علميةٍ أعدّها المرحوم الدكتور مروّه إلى سنة 1951، وكان عنوانها "المفهومَ الذرّي عند الفينيقيين". وفي تلك السنة أيضا، سجَّل براءةَ اختراع، لدى وزارة الاقتصاد السورية. وقد أعدَّ هذا الاختراع، بناءً على تجاربَ قام بها هو شخصياً، حيث استطاع أن يثبت أن الهواءَ يمكن أن يشكل مصدراً للطاقة الحركية، Kinetic Energy ومعنى ذلك أنه من الممكن أن نحرّك أي جسم بواسطة ضغط الهواء. كانت الفكرة تقوم على أساس أن الهواء مكوّن من غازين: غاز الأوكسجين وغاز الأزوت (النيتروجين). فعندما يحصل تفاعل كيميائي بين الأزوت والأوكسجين، نحصل على ثاني أوكسيد الأزوت. ونتيجةً لهذا التفاعل، تتكوّن كميةٌ من الحرارة، تكفي لإنتاج كميات إضافية من الهواء. واستمرار هذا التفاعل، كفيلٌ بأن يؤدي إلى إنتاج طاقة حركية، بإمكانِها أن تديرَ محركاً يمكن استخدامُه لتسيير سيارةٍ او طائرة، أو لأغراضٍ أخرى. وقد سجّل براءةَ الاختراع هذه لدى وزارة الاقتصاد السورية عام

1951. وقد وافقتْ على حفظها لمدة 15 سنة. لكن مع الأسف لم يستطع استخدامَ هذا الاختراع في حينه. ففي سنة2001، فوجئ الدكتور مروة بأخبارٍ من الصحف والمجلات العلمية، مفادها أن ناسا (الإدارة الوطنية للملاحة الجوية والفضاء) توصلت الى تسيير طائرة، باستخدام الهواء، كمصدرٍ للوقود والحرارة والضغط.

كباحثٍ وطبيب، عندما رحتُ أبحث عن وجود علاقة ما بين النظريات العلمية والفيزيائية التي وضعها الدكتور مروة، وبين صحةِ الإنسان، وجدت أن مفهوم الأبحاث لدى الدكتور مروة حول الطاقة الحركية طبّقها مهندسون صمموا أجهزةً طبية..

Allow me here my friends to elaborate more and give my perspective from the medical contract the point view: The human Heart has its kinetic energy that generates electrical impulses to heart muscles to regulate the heart beats and eventually controls the blood flow from the heart to the body organs. In certain heart diseases, this kinetic energy becomes weak, so to restore these electrical impulses a medical device called pacemaker is implanted to the heart. Pacemakers usually work on batteries.

Cardiac Pacemaker batteries last between 5-15 years (average 6-7 years) depending on how active the pacemaker is and must be replaced in surgical procedures that can be costly and create the possibility of complications and infections.

Last January, the same month that Dr. Mroueh passed away, the results of a three-year study were published in Advanced Materials Technologies, this study was funded by the US National Institutes of Health; engineers at the Thayer School of Engineering at Dartmouth College, New Hampshire, have developed a compact, modular and compliant thin film energy harvester on a cardiac pacemaker lead, which converts mechanical motion (kinetic energy) to electrical power. The device could enable self-charging batteries to ultimately power pacemakers and other implantable biomedical devices. It provides a new paradigm for biomedical energy harvesting inside the human body. The study was conducted on animals, the next phase will be inside humans. In conclusion Dr. Mroueh's thoughts and ideas have been implemented directly or indirectly in many scientific fields with his knowledge or without

في الختام ولإبقاء ذكرى الدكتور يوسف مروه حيةً، ومن أجل تفعيل هذا الكم الهائل من العلوم والأدب، أقترح تخصيص منحةٍ ماديةٍ دراسية باسمه، يفيد منها أبناء الجيل الصاعد الذين سيكتبون عن دراساتِه ونظرياتِه، ويبحثون في المجالات التي كتب عنها العالم الطيب الذكر الدكتور يوسف مروة.

تغمّد الله فقيدنا بواسع رحمته، فإن غاب عنا بالجسد إلا أنه معنا في هذه المناسبة الجليلة وكل مناسبة، بعلمه الواسع وروحه الضارعة وعاطفته الوطنية الصادقة.

ز - كلمة الأستاذ خالد حميدان

- مجازٌ في الحقوق وله في المجالِ عددٌ من الدراساتِ القانونية..

- متميزٌ في إطلالاتِه الإعلاميةِ والثقافيةِ من خلال الندوات والمطبوعاتِ التي كان يُصدرُها دورياً وأهمُّها مجلة "أضواء" وجريدة "الجالية"..

- هو باحثٌ وأكثر.. هو ناقدٌ وأبرع.. أديبٌ وجدانيٌ بكلِّ ما تحملُ الكلمةُ من مضامينَ صوفيةٍ وفلسفيةٍ.. لم يتوقفْ عند عتبةِ المعرفةِ،

بل غاصَ في أعماقِها ومشى إلى أبعادِها وأسرارِها برؤيةٍ صافيةٍ متحررةٍ من كلِّ قيد..

ـ له عدةُ مؤلفاتٍ منشورةٍ وأخرى قيدُ التحضيرِ للطباعةِ والنشر.

ـ برسالةٍ تقديريةٍ في مطلعِ السبعينات، قالَ عنه الفيلسوفُ الكبير ميخائيل نعيمة: "تميّزَ خالد حميدان بالحكمةِ والعمقِ الصوفي وبالنزعةِ الباطنيةِ التي لا تتهيَّبُ الغوصَ إلى الأعماقِ ولا تتلهّى بظواهرِ الأشياءِ عن بواطنِها.."
وفي العام 2010، أي بعدَ أربعينَ سنة، كتبَ الدكتور يوسف مروّه في ذاتِ المضمونِ قائلاً: "تجدُ فيما يكتبُ خالد حميدان، عملاً فكرياً وجدانياً متكاملاً إذ تجتمعُ فيه مقوماتُ الفكرِ والعاطفةِ والأسلوبِ الجميل.."

ـ إلى جانبِ عضويتِه في عددٍ من المؤسساتِ الاجتماعية، أسّسَ الأستاذ خالد حميدان مركزَ التراث العربي ودعا إلى إحياءِ الدورِ العربي الثقافي من على منبرِه. وكان د. مروّه الداعمَ والحاضرَ بدراساتِه في كلِّ الاحتفالاتِ والمهرجاناتِ التي قدَّمَها المركزُ على امتدادِ خمسٍ وعشرينَ سنة.
ـ حائزٌ على عددٍ من الجوائز والشهاداتِ التقديرية من مراجعَ رسميةٍ وأهلية تقديراً لمساهماتِه الواسعةِ في إطارِ الإعلام والتعدديةِ الثقافية.

الكلمة لرئيس مركز التراث العربي الأستاذ خالد حميدان..

في الموقف المهيب يتوقف الزمان ويسكت الكلام..

"كيفَ يكونُ الكلامُ عن صديقٍ مؤمنٍ عرفتَهُ..
ورفيقٍ على دربِ المحبةِ واكبتَهُ..
ومعلمٍ مجتهدٍ أصغيتَ إليه وجالستَهُ..
بالسرْدِ الطويلِ.. وهو مُملٌ؟
بالوصفِ الدقيقِ.. وهو مُقلٌ؟
بفيضٍ من عاطفةٍ لا تفي بالقصدِ ولا بالمهام..
الأرجحُ المتوقعُ في الموقفِ المُهيبِ..
أن يتوقفَ الزمانُ.. ويسكتَ الكلام..

والكلامُ عن يوسف مروّه قصةٌ تطولُ.
أتتكلمُ عن عالمٍ أو باحثٍ أو مكتشفٍ..
عن ناقدٍ أو أديبٍ أو فيلسوف..
قد يصحُّ أيٌّ من المصطلحاتِ الآنفة
أو ربما لا يصحُّ أيٌّ مِنها..

لقد تعدّى د. مروّه حدودَ المصطلحِ الذي يضيقُ بأبعادِ رؤاهُ ورفّاتِ جناحيْه، ليُدخِلَك حيناً في العلومِ والسياسةِ وطوراً في الفقهِ والدينِ وأحياناً في مَداراتِ الشمسِ والقمرِ وسائرِ المجرّات..

أما إذا أردْتَ الاختصارَ فيما تُسمّيه، فقلْ هو المفكرُ المبدعُ الذي اقتربَ بأدائِه من روحِ الله.. ذلك أن الإبداعَ، كما العبادةَ، يكمنُ في الإيمانِ والتأملِ بالحقيقةِ المطلقة، أي بتعدي المنظورِ الحسيّ إلى ما وراءِ المنظورِ العِرفاني.. والإبداع، في أيِّ حقلٍ كانَ، هو واحدٌ لا يتجزأُ لأنه يصبُّ في ذاتِ المكانِ الذي ينبعُ منه. فالموهبةُ عطاءٌ من الله، والأداءُ هو.. لله بما يُرضيه. فمنه العطاءُ وإليه الأداءُ وهكذا يتحقّقُ الإبداع..

أيها الحفل الكريم،

لن أتطرَّقَ إلى ما أشارَ إليه الأصدقاءُ الذين سبقوني في الكلامِ عن إنجازاتِ ومآثرَ د. مروّه. بل سأحاولُ إلقاءَ الضوءِ على اهتماماتِه

ومساهماتِه في بعثِ التراثِ العربي وأهميةِ نشرِه في العالمِ، رداً على تحدياتِ الغربِ الذي يدَّعي الفضلَ في كلِّ ما يخدمُ الانسانيةَ من نظرياتٍ وتطوراتٍ علميةٍ وتقنيةٍ أو اختراعاتٍ واكتشافات جديدةٍ.. لقد استطاعَ د. يوسف مروّه أن يزيلَ من أذهانِ الكثيرينَ من المثقفين العرب، وخاصةً الذين يعيشونَ في المغتربات، عقدةَ النقصِ التي رافقتْ تأقلمَهُم في المجتمعِ الجديدِ واستبدالَها بالثقةِ بالنفس، والعزمِ على السيرِ قُدُماً في مسيرتِه العلميةِ وثورتِه البيضاءَ على الذهنيةِ الغربيةِ التي تحاولُ ما استطاعتْ طمسَ معالمَ الحقيقةِ في التعتيمِ على الدورِ العربي، والادعاء لنفسها بالإنجازاتِ الحضاريةِ في مختلفِ الحقولِ، ما يخدمُ مصالحَها الاستعمارية ويُظهرُ تفوقَها في العالم..

وفي هذا المجالِ، يُشرِّفُني القولُ إنني كنتُ أحدَ الذين لبوّا نداءَ راحلِنا الكبير، في وقتٍ كانَ يُعِدُّ الدراسةَ التي تُثبتُ وصولَ الفينيقيين والعرب إلى الأميركيتين قبلَ كولومبس وكانَ ذلك في مطلعِ التسعينات. ويقولُ مروّه في هذا المضمارِ تحديداً (ونقلاً عن أكاديميين ومؤلفين أميركيين): "كريستوف كولومبس هو آخرُ من اكتشفَ أميركا..
وقد تعاهدْنا منذُ ذلك التاريخ على أن نعملَ يداً بيد، على إحياءِ ونشرِ التراثِ بالأسلوبِ الأكاديمي الحضاري من خلالِ مركزِ التراثِ العربي الذي كنتُ قد بدأتُ أعِدُّ له خريطةَ الطريق. ومن خلالِ جريدةِ "الجالية" التي كنتُ قد أسَّسْتُها وأعددْتُها للغايةِ ذاتِها.
ففي رحلةِ إحياءِ التراث، التي استغرقتْ ربعَ قرنٍ من الزمنِ ونيّف، أقمْنا عدَّةَ احتفالاتٍ ولقاءاتٍ وندواتٍ ثقافيةٍ تبرزُ أهميةَ الدورِ العربي في الحضارةِ الإنسانيةِ التي ينعمُ بها العالمُ اليومَ، وكان د. مروّه

العرّابُ الأكثرَ حضوراً في وضعِ النقاطِ واللمساتِ المعرفيةِ بمراجعاتِه ودراساتِه القيمة. وفي طليعةِ هذه الاحتفالاتِ، كانتْ العناوينُ التالية:
التراثُ الثقافي على امتدادِ طريقِ الحرير - التراثُ المتعددُ الثقافات في حوضِ البحرِ المتوسط - آثار التراثِ العربي في النهضةِ الأوروبيةِ - والتعدديةُ الثقافيةُ بعنوان: النسيجُ الكندي يَجمعُ العالمَ..
لستُ هنا لأُطيلَ الحديثَ عن الدورِ الذي اضْطلعْنا به في إحياءِ التراثِ في السابق، وإنما للتأكيدِ على ضرورةِ الاستمرارِ في تشجيعِ هذا الدورِ وجعلِ ناشئتنا العربيةِ تتابعُ المسيرةَ لما يخدمُ وجودَها ويعزِّزُ حضورَها بين الشرائحِ الاجتماعيةِ المختلفةِ.

من المؤسفِ أن يَزعمَ البعضُ بأنَّ الإبداعَ العربي معطّلٌ اليومَ، كما التراث. لا شكَّ أنه ادعاءٌ باطلٌ ومرفوضٌ، ذلك أنَّ الدراسةَ التي بحوزتِنا في مركزِ التراث العربي، والتي حقَّقَ فيها الدكتورُ مروّه شخصياً، تشيرُ إلى متفوقين مبدعين من الجنسياتِ العربيةِ المختلفةِ، يتوزَّعون بين الفلاسفةِ والمخترعين والمكتشفين وواضعي النظرياتِ الجديدةِ في العلومِ والرياضياتِ والطبِّ، والفيزياءِ والفلكِ وغيرِها.. وإذا أجيزَ لنا تصنيفُ هؤلاءِ نقولُ: إنهم صانعو التراثَ العربي المعاصرِ..
وأحدُ هؤلاءِ المبدعين العباقرة هو واحدٌ من أبناءِ جاليتِنا اللبنانية العربيةِ في كندا، هو العالمُ والباحثُ الدكتور يوسف مروّه، الذي كانَ له الباعُ الطويلُ والانتاجُ الوفيرُ في العلومِ الفيزيائيةِ والفلكيةِ والرياضياتِ وغيرِها، وكانتْ لمساهماتِه البصماتُ الراسخةُ في الحضارةِ الغربيةِ التي يدَّعيها أصحابُها المزيفون ويفاخرون بها..

أما البصمةُ الخالدةُ.. هي التي يطبعُها على جبينِ التاريخِ، عملاقٌ كصديقِنا الذي رحلَ، لا تزولُ بزوالِ جسدِه ولا ترحلُ برحيلِه، بل تُحدِّثُ عنه إلى يومِ القيامةِ.. فالخالدُ ليسَ من يعْبرُ التاريخَ.. بل من يصنعُ التاريخَ ويعْبرُهُ.!

تحيةً من الأعماقِ إلى روحِ الصديقِ الدكتور يوسف مروّه الذي قلتُ فيه يوماً: هو الإرادةُ التي لا تلينُ والطموحُ الذي لا يهدأُ.. علّهُ يهدأُ بالُه حيثُ هو اليومَ بعهدةِ السماءِ، في جنةٍ خصّها الله للمؤمنين المبدعين..

تحيةً كبيرةً إلى هذا العملاقِ الذي بأمثاله نعتزُّ ونفاخرُ.. وبأمثاله نواجهُ التحدياتِ الحضاريةِ وننتصرُ..

❖

الفصل الرابع

أنطون سعادة والفلسفة المدرحية

مداخلة: د. يوسف مروّه

"الفلسفة المدرحية" أو تحديد الفكر الفلسفي المدرحي الذي أورده أنطون سعادة في العقيدة القومية الاجتماعية، ورد في كتاب للدكتور يوسف مروّه بعنوان: "أضواء على أزمة الفكر العربي المعاصر، الفلسفة المدرحية". وقد جاء كتاب مروّه رداً على كتاب "الجمر والرماد" الذي هو عبارة عن مذكرات الدكتور هشام شرابي الذي رافق الزعيم سعادة لفترة غير قصيرة من الزمن.

ويقول مروّه في مقدمة كتابه: "إن السبب الذي دعاني إلى قراءة ودراسة كتاب "الجمر والرماد" هو تقديري العميق للمؤلف الذي طالما قرأت مقالاته الفكرية في الدوريات الحزبية وأعجبت بها منذ انتسابي إلى الحركة السورية القومية الاجتماعية في العام 1949 حتى أواخر الخمسينات. لكن دراستي للكتاب آلمتني وخيبت آمالي لا بل أحزنتني وفوجئت حقاً إذ تبين لي أن الدكتور شرابي، بنظري، يمثل محنة المثقف العربي المعاصر أصدق تمثيل، هذا المثقف الذي جنت عليه ثقافته الغربية، فغرَّبته وأخرجته عن محوره الفكري الفلسفي الأصيل".

ونتابع فيما يلي ما كتبه الدكتور مروّه حرفياً في هذا المجال: يقول د. شرابي: "يعتقد البعض أن فلسفة الحركة ـ التي تسمى عرضاً

"الفلسفة المدرحية" ـ هي عدد من النظريات الفلسفية التي تؤلف بمجموعها سيستيماً (System) كاملاً، وأنها تقدم الجواب لكل سؤال فلسفي يخطر في بال. إن هذا الاعتقاد خاطئ".

لا أزال أذكر جيداً يوم قرأت هذه الدراسة للمرة الأولى، وكنت أعمل يومئذ مدرساً في ثانوية المنامة (البحرين)، كيف تسمرت عيناي على عبارة (فلسفة الحركة التي تسمى عرضاً "الفلسفة المدرحية". وبدأت أفكر طويلاً ولا أدري كم طال تفكيري وتوقفي عند هذه العبارة دون أن أكمل ما جاء بعدها، ذلك أن عبارة "فلسفة الحركة" جذبتني جداً، بل وأسرتني. وأخذت أفكاري تترابط وتتمركز حول معنى الحركة وأهمية الحركة، لا بمعنى الحركة السياسي العقائدي، بل الحركة بمعناها الفيزيائي والفلسفي الشامل. أي الحركة كناموس جوهري عام للكون، أو "الحركة الجوهرية" كما أسماها الفيلسوف الكبير صدر الدين الشيرازي (1571 – 1640م). وتعتبر الحركة الجوهرية جسراً يربط بين السعادة والروح في الوجود أو الكيان الإنساني. ولعل الأسباب الداعية لاهتمامي الشديد بتلك العبارة يومئذ تتلخص بما يلي:

1ـ كنت قد وضعت دراسة حول "الحركة صفة كونية وبعد هندسي". وفيها استخلصت أن الجاذبية شكل من أشكال الإشعاع وأن الإشعاع بصورة عامة هو مظهر من مظاهر حركة المادة أو الطاقة.

2ـ كنت قد لاحظت أيضاً أن سعادة يصف الوجود بالحركة في قوله: "الحرية ليست حرية العدم، بل حرية الوجود والوجود حركة". واعتقدت في تلك اللحظة خطأً أن هشام انطلاقاً من إيمان سعادة بأن "الوجود حركة" سيفسّر المدرحية كفلسفة حركة. وهكذا استبشرت خيراً في أن يكون فيلسوف المدرحية قد اهتدى الى منطلقات أو

80

تحديدات فكرية جديدة تقودني في محاولتي فهم المدرحية. ولكنني أصبت بخيبة أمل كبرى عندما أنهيت قراءة الفقرة ووصلت إلى عبارة "إن هذا الاعتقاد خاطئ". وحاولت جاهداً أن أجد مبرراً أو سبباً كافياً لنفي ولتخطئة مثل هذا الاعتقاد لدى البعض، الذين أعتبر نفسي واحداً منهم.

والحق أقول إنني منذ ذلك الحين حتى اليوم لم أجد ذلك السبب أو المبرر. فما زلت أعتقد أنه ليس من الضروري أن يقوم نظام فلسفي كامل على أساس استعداده للإجابة على كل سؤال فلسفي يخطر في بال. ذلك لأن لكل نظام فلسفي مهما كان متكاملاً، حدوده المرسومة. وقد حدّد سعادة فلسفته بأنها تتعلق بحياة الإنسان ـ المجتمع. وهي تفلسف حياة الإنسان في المجتمع، منذ ولادته حتى مماته. ولا علاقة لها بما قبل الولادة ولا بما بعد الموت. وقد وجدت طوال السنين الماضية أن الانكباب على دراسة فلسفة سعادة (الفلسفة المدرحية أو فلسفة الحركة) وتعيين مكانها الفكري في سلسلة الفكر الفلسفي العالمي وتقديمها الى العالم كنظام فلسفي جديد متكامل هي مهمة قومية كبرى، سورية وعربية وإنسانية. ومثل هذا العمل سيؤدي إلى خدمة فكرية كبرى للفكر العربي وللفكر الإنساني أجمع. وأن تحقيق هذا العمل هو أمانة في أعناق المفكرين السوريين والعرب.

3ـ كان وما زال لإصراري على وجهة نظري هذه أسباب هامة جداً جاءت نتيجة تجارب وقناعات ومعاناة شخصية طويلة ومريرة رافقتني في سنوات الاغتراب الطويلة في أوروبا الغربية وأميركة الشمالية وما زالت مستمرة.

4 - كان إيماني بقوميتي أثناء دراستي في ألمانية الغربية (1959 - 1963) مدعاة لفخري واعتزازي، وكان تمسك وتعصب أصدقائي ومعارفي من الألمان لقوميتهم، تحدياً وسبباً هاماً من أسباب استجابتي بنفس الدرجة من التمسك والتعصب لقوميتي.

فبالرغم من احترام وتقدير الفئة الألمانية المثقفة لتراث بلادي الحضاري، وبالرغم من إعجاب المستشرقين الألمان، الذين قرأت مؤلفاتهم أو تعرفت إليهم شخصياً، بتراث سورية والعرب على العموم، وبالرغم من أن المؤرخين والباحثين والمستشرقين الألمان هم الوحيدون بين سائر مؤرخي وباحثي ومستشرقي العالم الذين كتبوا بأمانة وإخلاص عن حضارتنا وتراثنا دون تشويه، وبالرغم من اطلاعي الواسع على تراث بلادي القديم ومساهمتي الخاصة في هذا المجال، الذي كان يمكّنني من شرح وتوضيح أهمية الدور الحضاري والثقافي والفلسفي الذي لعبته سورية في مجرى الحضارة الإنسانية في العصور القديمة والمتوسطة. أقول بالرغم من كل ذلك كنت اشعر وأتحسس شدّة وهج حرارة تلك الطاقة الفكرية الكامنة وراء أحاديث الألمان. سواء كانت تلك الأحاديث كلمات عابرة في قاعات الدروس أو في الحياة العامة، أو مناقشات جدية في اللقاءات الطلابية أو في المؤتمرات العلمية. كنت أعي هذا الشعور بالتعالي والاعتزاز والتفاخر بالإنجازات الحضارية التي حققتها الأمة الألمانية، ليس لدى الألماني المثقف فحسب، بل لدى الإنسان الألماني العادي الذي كان يحدّثني عن بلده كيف دُمرّت أثناء الحرب وكيف استطاعت أن تقف على قدميها. وكان يطلعني على منجزات بلده العلمية والفلسفية، فيعدّد لي لائحة علماء بلده ورياضييها

وفلاسفتها ومفكريها وفنانيها عن ظهر قلب فكنت بذلك أحس وأعي آثار هذا الشعور المميز السائد عند الألمان على العموم.

5- في مثل هذه المبارزات والتحديات القومية كنت أجرِّح في كرامتي القومية وأشعر بأن شرفي القومي مهدّد بالعار. فلا ملاحم جلقامش والخليقة وأدون ولا مكتشفات مازينوس وسودار وأمورفيس وموخوس، ولا استكشافات حنون، ولا شرائع حمورابي ولا بطولات هانيبعل، ولا وصول الكنعانيين إلى البرازيل قبل كولومبوس بألفي عام، ولا عبقريات الخوارزمي وابن قرّة وأبي الوفاء وابن الأفلح، ولا اكتشافات ابن الهيثم والخازن وابن يونس وجابر بن حيّان، ولا نظريات الرازي والبتاني والبيروني والبلخي والمئات من أمثالهم الذين كنت أذكرهم في محاضراتي ودراساتي استطاعت أن تحمي كرامتي وشرفي القومي من سهام التحديات الألمانية. كان الألمان يريدون أن يعرفوا شيئاً عن عبقريات ومنجزات أمتي في هذا العصر، في النصف الأول من القرن العشرين. لم يهمهم كثيراً نبشي للقبور ولا الرجوع إلى تاريخ بلادي الحضاري - العلمي والفلسفي - القديم. هم لم ينكروا تاريخ بلادنا المجيد، ولكنهم كانوا يعيشون في حاضر الزمن ويصرّون على معرفة مكان ومكانة أمتي في عالم اليوم من التاريخ المعاصر.

6- في تلك الفترة تجدد شباب معتقداتي القومية الاجتماعية بعد أن كادت أحداث النصف الثاني من الخمسينات (القرن العشرين) تقضي عليها نهائياً. كنا نقضي ساعات طويلة في نقاش فكري مع الألمان حول قضايا ومسائل العالم العربي وكنا نصل دائماً في نهاية كل نقاش وتحليل إلى أن ضعفنا هو السبب الرئيسي لمشاكلنا المعاصرة وإلى أننا نحن وحدنا المسؤولون عن هذا الضعف (حتى وإن كانت

أسباب هذا الضعف تاريخية لا دخل لأجيالنا الحاضرة بها). وبعد كل لقاء ونقاش فكري من هذا النوع كانت أفكار سعادة وعبقرية استشرافه الرائعة تسيطر على أفكاري وتجدد حيويتي وشباب إيماني. إن ما كنا نتناقش حوله بفكر هادئ ووعي كامل في أواخر الخمسينات وأوائل الستينات وما كنا نتفق في النهاية على أنه الحل والصواب، كان سعادة قد استشرفه منذ عام 1932، ووضع له الحل الصحيح بقوله: "مصلحة الحياة لا يحميها في العراك سوى القوة، القوة بمظهرها المادي والنفسي (العقلي). والقوة النفسية مهما بلغت من الكمال، هي أبداً محتاجة إلى القوة المادية، بل إن القوة المادية دليل قوة نفسية راقية. إن الحق القومي لا يكون حقاً في معترك الأمم إلا بمقدار ما يدعمه من قوة الأمة. فالقوة هي القول الفصل في إثبات الحق القومي أو إنكاره. الأمة كلها يجب أن تصبح قوية مسلحة".

في تلك الأيام أدركت السر الكامن وراء دعوات الاستسلام والسلام التي كانت ترعاها الدول الكبرى وعرفت الأسباب الكامنة وراء حملات الانتقاد والتجريح التي كانت تشنّ على سعادة وحزبه من أجل رأيه وصرخته ودعوته المخلصة لجعل أمته قوية مسلحة. ومنذ ذلك الحين آمنت بأن الضعف لعنة من لعنات التاريخ، وويل لأمة تتخلى مختارة أو مرغمة عن شرف القوة المادية ـ الروحية (المدرحية) لتتمرغ في أوحال الضعف والهزيمة، لا تميّز بين الشرف والعار.

7ـ كنت أغبط الألمان كأمة بالرغم من انقسامها إلى كيانين. كنت أتمنى لو أن سورية تمتلك هذا الخزان الغريب من الطاقات العلمية والفلسفية في عصرنا الحاضر، حتى أتمكن من أن أفاخر الألمان مفاخرة من نفس المستوى والعيار. وقد سيطرت هذه الحالة النفسية

على مشاعري في الأشهر الأولى من وجودي بين شعب مشبع بروح الوعي والاعتزاز القومي بحاضره قبل ماضيه. ولم يمضِ على وجودي في ألمانية أكثر من ستة أشهر حتى استطعت أن أربح معركة التحدي القومي والفكري والحضاري ومعركة وجودي وكرامتي وشرفي القومي. قمّتان من قمم الفكر الشامخ في بلادي، بهما فقط ربحت ـ يومئذ ـ معركة وجودي بين قوم غرباء، وبالتالي اكتسبت احترامهم وتقديرهم لبلادي. ورمزان فقط من رموز الفكر العلمي والفلسفي في بلادي جابهت بهما اعتزاز أصدقائي الألمان ببلانك وهرتز وهيزنبرغ وغيرهم على جبهة العلم الألماني المعاصر، وهارتمان وهوسرل وهيدغر وسواهم على جبهة الفلسفة الألمانية المعاصرة: الرمز الأول: كهربائيات وإلكترونيات المخترع اللبناني كامل الصبّاح، والرمز الثاني: مدرحية وفلسفيات الفيلسوف أنطون سعادة.

وانصرفت في ذلك الحين (1959 - 1963) في أوقات فراغي لدراسة مؤلفات سعادة (نشوء الأمم، الصراع الفكري، المحاضرات العشر، الإسلام في رسالتيه.. إلخ) دراسة موضوعية مستفيضة، ولا شك بأن دراستي لسعادة كانت عاملاً أساسياً لي في مجابهة الاعتزاز القومي الألماني باعتزاز سوري قومي مماثل. كما أن اطلاعي الكامل على أعمال كامل الصبّاح كمهندس ورياضي وفيزيائي وباحث وعالم ومخترع لمئات الأجهزة الإلكترونية والكهربائية، وأول عربي رُشِّح في الثلاثينات لنيل جائزة نوبل، قد ساهم مساهمة رئيسية بربح معركة الاعتزاز القومي بين قوم يرون أن أوروبا بدونهم جسد نحيل عليل، وأن العالم بأسره بدون عباقرتهم وفلاسفتهم ومكتشفيهم ومفكريهم هو عالم ناقص خامد. لكل هذه الأسباب التي

أوردتها، كنت وما أزال أصرّ على التعمق بدراسة الخيوط الفلسفية التي تركها سعادة وعلى بناء نظام فلسفي جديد يقوم على آرائه وأفكاره. بل يجب أن نخوض معركة فكرية عالمية من أجل "تطويب" أنطون سعادة فيلسوفاً عربياً معاصراً في المؤتمرات والحلقات والندوات والملتقيات الفكرية الإقليمية والدولية وفي القواميس ودوائر المعارف.

هناك أقوال صدرت عن بعض المسؤولين في الحركة القومية الاجتماعية تشير إلى أن سعادة كان قد أعد دراسة أو كتاباً يشرح فيه الفلسفة المدرحية. وأن مخطوطة هذا الكتاب قد صادرها رجال الأمن العام اللبناني مع العديد من أوراق سعادة بعد حادث الجمّيزة في صيف عام 1949 وضاعت مع ما ضاع من كتاباته. وحاولت التأكد من صحة هذه الأقوال فلم أتوصل إلى نتيجة نهائية. وكنت أتمنى لو أن مذكرات د. شرابي قد تعرضت لهذا الموضوع، نظراً لاتصاله الوثيق بسعادة وهو الذي عمل ناموساً له فترة من الزمن. وإذا كانت هذا الأقوال صحيحة، ولا شك عندي بأن مصادرة وإتلاف مثل تلك المخطوطة جريمة إنسانية كبرى بحق الفكر العربي الفلسفي المعاصر، بل والإنساني لا تعادلها إلا جريمة اغتيال سعادة نفسه.

ليس بين كتّاب ومفكري مدرسة سعادة من ادعى أو قال بأن شؤون الفلسفة وقضاياها العويصة هي من اختصاص الجميع. كما أن أحداً لم يقل بأن الحركة القومية الاجتماعية هي جمعية فلسفية ترحب بكل من أراد أن يتلذذ بترداد ما تعلمه من مصادر غربية أو ما توصل إليه من قراءة بعض الكتب.

ولكن سعادة يعلن في مقاله (المجموع والمجتمع) بأن معرفة العقيدة معرفة صحيحة هي أول ضرورة نفسية للقوميين الاجتماعيين، وأنها أول الأمور الثقافية والإذاعية التي يجب أن يعنى بها كل العناية لتحقيق هدف إنشاء جيل جديد ينظر إلى الحياة والكون والفن نظرةً جديدةً. وكان سعادة قد أنشأ في الحزب "الندوة الثقافية"، التي كانت تهدف إلى تدريس وبحث المسائل الفكرية والفلسفية. وكانت هذه الندوة ملتقى طلاب وأساتذة الفلسفة من حزبيين وغير حزبيين، وكانت تناقش في حلقاتها بعض المواضيع الفلسفية المتعلقة بمبادئ الحركة وتعاليمها، بالإضافة إلى قضايا الفكر الفلسفي الأساسية، بما في ذلك قضية الحياة والوجود الأساسية وقضايا الحياة العملية. وقد جرت في أواخر عام 1937 وأوائل عام 1938 اتصالات فكرية ومناقشات فلسفية بين سعادة ود. شارل مالك وبعض أساتذة الفلسفة في الجامعة الأميركية في بيروت وبعض الأساتذة الزائرين مثل الفيلسوف الأميركي الدكتور ادغار شيفيلد برايتمان.

وقد أثبتت مناقشات الندوة وجود عناصر فكرية قوية ومزايا فكرية عميقة صحيحة لدى سعادة على الخصوص وتلامذته على العموم. والذي حدث بعد سفر الأمين السابق فخري معلوف إلى الولايات المتحدة عام 1939، أن توقفت أعمال الندوة. ويقول سعادة في هذا الشأن: "وكان من جراء ذلك ان بعض طلبة الفلسفة من الرفقاء تركوا بلا تعليم عقدي ليقبلوا تعاليم المدرسة العقدية الأولى التي يدخلون لتعلم الفلسفة فيها، فدرسوا المذاهب الفلسفية الكلاسيكية، وما عرض عليهم أو وُجِّهوا إليه من مذاهب أخرى إلا الفلسفة القومية الاجتماعية. وهكذا لم يكن بقربهم من يهتم بتوجيههم إليها ولم يكن لها مكان في إفهامهم، وكوّنوا نظرتهم، أولياً أو نهائياً، على غير

نظرتها وأصولها. ومن البديهي أن يكون إنتاجهم في هذه الحالة، في غير اتجاهها وفي غير نظرتها".

إذن نرى من سياق ما مرّ أن البحث والنقاش الفلسفي، ودراسة وتمحيص وتدقيق الأفكار الفلسفية شيء مرغوب فيه في الندوة الثقافية. بل إنه ضرورة ملحة، ولا داعٍ لأن تمنع مثل هذه البحوث والمناقشات من الاستمرار طالما الهدف منها التوصل إلى فهم أدق وأفضل وأشمل لفلسفة سعادة والحركة القومية الاجتماعية. وأود أن أشير هنا إلى أن د. شرابي قد خالف في مذكراته ما كان قد قرّر في دراسته حول الفلسفة الجديدة. ألا نرى أنه يتلذذ بترداد ما سمعه أو تعلمه من أساتذته تشارلز موريس (ص 32) وأرنولد برغشتراسر وما قرأه في كتاب (الحياة والموت) لنورمان براون. بالرغم من العناية والراحة والتوجيه الذين تلقّاهم هشام من سعادة بشأن الدراسات الفلسفية التي كان يقوم بها، فإن هشام ـ كما تشير مذكراته ـ لم يتأثر قطّ بتوجيهات سعادة الفكرية ولم يأخذ بها ولم يستجب لها. ففي مذكراته يقول: "كنا نتحدث عن هؤلاء الفلاسفة ومؤلفاتهم دون أن نكون قد اطلعنا عليها. في سنتي الجونيور والسينيور كان الفيلسوفان المفضلان لدينا هما كيركيجارد وبردياييف. عندما تخرجنا اعتبرنا أنفسنا "وجوديين" من أتباع المدرسة الكيركيجاردية الدينية المثالية". أكاد أقول يا لضياع الوقت الثمين والاهتمام الكبير والتعب الشديد الذي صرفه سعادة بتوجيه وإرشاد طلابه المقربين..

9- إن في نفي د. شرابي للاعتقاد السائد بين العديد من تلامذة سعادة بإمكانية تطوير الفلسفة المدرحية (فلسفة الحركة) إلى نظام فلسفي كامل، وفي تخطئته أو شجبه لأي عمل فلسفي (ضمن الحركة) القصد منه توضيح وتحديد المفاهيم الفلسفية التي تنطوي عليها

الحركة، يكون قد أغلق بذلك باب الاجتهاد الفكري والتنظير الفلسفي أمام المفكرين الحزبيين، وبالتالي قد حكم على فلسفة سعادة (المدرحية) بالتحجر والجمود. ويبدو أن إصراره على القول بـ "إن هذا الاعتقاد خاطئ" دون تقديم أية حجة أو برهان، ما هو إلا استمرار للعقلية التي تربّى عليها في الجامعة الأميركية في بيروت. هذه العقلية التي انتقدها هو بنفسه وهاجمها بشدة في عدة مواضع من مذكراته.

إن أهم النقاط الفلسفية الجديدة التي انطلقت منها المدرحية هي:
1- المتصل المدرحي الذي هو تفسير جديد لظاهرة الحياة.
(Materio-Spiritual Continnum)
2- حركية وحيوية العقل الإنساني ـ الاجتماعي.
3- ظاهرة الإنسان ـ المجتمع أو التفاعل بين الإمكانية والفاعلية.
4- نسبية واجتماعية القيم الإنسانية (الحق والخير والجمال).
5- منطق العلاقة السببية العقلية ـ التجريبية.

إن أهم ميزات وجهة نظر سعادة الفلسفية للحياة والإنسان والكون إن لم نقل جوهرها، هي وحدانية كل الأشياء والأحداث، وإدراك كل الظواهر في الكون على أنها تجليات صادرة عن وحدانية أساسية. فكل الأشياء والأحداث في الطبيعة هي أقسام مرتبطة بعضها ببعض وغير ممكن تجزئتها أو فصل بعضها عن بعض في هذا الكل الكوني. إنها تبدو كتجلّيات أو مظاهر مختلفة لحقيقة أساسية واحدة أطلق عليها اسم "الحقيقة المدرحية" أو "الوحدانية المدرحية" (Materio-Spiritual Monism).

إن مدرحية سعادة تبدأ بالإنسان وتنطلق منه وتنتهي به ككائن موجود حي. وأما المسائل التي تتعلق بمصدر الحياة ومن أين جاء الإنسان إلى الأرض وما هو مصيره بعد الموت فهي مسائل تقع خارج نطاق المدرحية. فالمدرحية تركِّز اهتمامها على حياة الإنسان في المجتمع من مهده إلى لحده، وما قبل ذلك وما بعده تتركه للفلسفات الدينية. وهي تعتبر الإنسان، الكائن المدرحي، متصلاً (Continuum) كاملاً من الحياة (أو الحيوية) والمادة والروح والنفس والعقل والذات والإدراك والوعي لا يمكن تجزئته أو الفصل بين عناصره وظواهره، وتعتبر أن العقل في الإنسان هو الشريعة الأساسية التي لا يمكن أن تعطلها أية شريعة أخرى.

وفي الوقت الحاضر، هناك عشرات الباحثين والدارسين في مواضيع الفلسفة المعاصرة أمثال هانتس فراي وجوزيف كراتش وجورج شرايدر ونلسون غودمان ووالتر كوفمان وألن هوايت وبيتر دي شاردان وجون واطسون وهنري طوماس وجين روبرتس وسواهم من الذين عالجوا الأطروحة الفكرية نفسها التي عالجها سعادة قبلهم بأكثر من ثلاثة عقود. وقد أخذ الدارسون اليوم يستخدمون مفاهيم سعادة المدرحية تحت أسماء وتعابير فلسفية مثل:

المجال المدرحي

Materio Spiritual Field

الحيوية المدرحية

Materio Spiritual Vitality

المتصل المدرحي

Materio Spiritual Continuum

الوجود المدرحي

Materio Spiritual Existence

الكائن المدرحي

Materio Spiritual Being

الكون المدرحي

Materio Spiritual Cosmos

الحقيقة المدرحية

Materio Spiritual Reality

الاستقطابية المدرحية

Materio Spiritual Polarity

الثنائية المدرحية

Materio Spiritual Duality

الوحدانية المدرحية

Materio Spiritual Monism

النسيج المدرحي النفسي

Materio Spiritual Psychic Fabric

إن مثل هذه التعابير الجديدة دخلت القاموس الفلسفي في النصف الثاني من القرن العشرين.

إن مفاهيم المادة والروح هي أساسية في توضيح الظاهرة الطبيعية، مما يجعل أي تبديل لها يرتبط ارتباطاً وثيقاً بتعديل البنية الكاملة التي نتعامل بها في الفلسفة لتوضيح ماهية الكون والطبيعة. وفي البنية الجديدة التي وضعها سعادة نرى أن المادة والروح مرتبطتان معاً برباط أساسي طبيعي لا يمكن الفصل والتمييز بينهما في مجرى الحياة الإنسانية. فالمادة، في كيان الإنسان ليست لها كينونة منفصلة ومستقلة، وكذلك الروح في هذا الكيان نفسه ليست كينونة منفصلة ومستقلة، ولكن المادة والروح مجتمعتين ترتبطان معاً ارتباطاً جذرياً أساسياً جوهرياً طبيعياً وتشكّلان معاً المتصل المدرحي الموحد

الجامع للقوى الإنسانية الذي يشمل الحياة والإنسان والكون. لا يمكن في فلسفة سعادة التكلم عن المادة أو الانتساب إليها بمعزل عن الروح ولا التكلم عن الروح أو الانتساب إليها بمعزل عن المادة، وكذلك لا يمكن معالجة المسائل والمواضيع الروحية بمعزل عن نظائرها المادية، ولا يمكن معالجة المسائل والمواضيع المادية بمعزل عن نظائرها الروحية، لأن كلتيهما (المادة والروح) تعتبران مظهراً واحداً متميزاً من مظاهر الطاقة الكونية. والملاحظ أن فكرة سعادة في هذا الشأن تقوم على تأمل دقيق وتبصّر عميق حول طبيعة المفاهيم المتضادة في الكون، مما يكشف عن علاقة تمحورية استقطابية (Polarity) أو تكاملية (Complementary) بين الأضداد والمتناقضات، وليس على مجرد علاقة جدلية كما هو الحال في بعض الفلسفات الروحية البحتة أو المادية البحتة.

في عام 1947، دعا سعادة في كتاباته الفلسفية إلى إلغاء المفاهيم القائلة بوجود المادة المطلقة والروح المطلقة، وقامت نظرته الكونية على أساس وجود متصل مدرحي ـ زمكاني واحد، حيث توجد الحقيقة المدرحية في الزمان وفي المكان، وحيث لا يمكن تجزئة الوحدانية التي تجمع الحقيقة المدرحية والحقيقة الزمكانية معاً. ويعتبر سعادة أن المادة والروح قد اختفتا كوحدتين مستقلتين، وأن كلاً منهما بمفردها قد تحوّلت إلى مجرد ظلال، وأن نوعاً من الاتصال والوحدانية بينهما أصبح يمثل الحقيقة الإنسانية ـ الكونية المستقلة الكاملة.

في الفلسفة المدرحية، كل الأضداد ـ كما ذكرنا ـ هي وحدات استقطابية ومترابطة. فالروح والمادة، والنور والظلمة، والسلب

والإيجاب، والخير والشر هي في الواقع، مظاهر نسبية مختلفة لظاهرة أو حقيقة واحدة، واختلاف هذه المظاهر يتعلق مباشرة بموقع الإنسان الراصد (المراقب) أو المشارك على الخط العالمي (World Line) الذي يجمع أو يوحّد بين الراصد ـ الحادث والمشارك ـ الحادث (Event Participator). وأن التوازن الحركي (الديناميكي) بين الأضداد هو في الواقع ضروري لقيام الوحدة بين هذه الأضداد، وأن الخاصية القطبية (Polarity) أو الاستقطابية التي تجمع وتربط بين الأضداد والمتناقضات هي صفة أساسية للمتصل المدرحي. إنها تعبّر دائماً عن تفاعل (Interplay) حركي مستمر بين الحدّين أو الحدثين المتضادين.

ويعتقد سعادة اعتقاداً راسخاً بأن التوافق والانسجام والنظام والتآلف والتناسق والتصميم والقصد والعقلنة هي صفات متأصلة في جوهر الطبيعة الأساسي، وكان يوجّه اهتمامه الرئيسي لإيجاد أساس كوني موحّد للإنسان والحياة. وقد تضمّن عمله الفلسفي بعض التغييرات الجذرية في المفاهيم التقليدية للمادة والروح، ونسف بعض الأسس التي قامت عليها وجهات نظر الفلسفات المعاصرة حول الكون والإنسان. ذلك أن جميع الفلسفات الغربية الحديثة هي فلسفات جزئية ترتكز على افتراضات كسرية (Fractional) لأنها تؤمن بوجود روح مطلقة مستقلة، أو مادة مطلقة مستقلة، أو عقل مطلق مستقل أو ما شابه في الوجود والكيان الإنساني. في حين أن سعادة بتحليله المنطقي العقلاني القائم على العلاقة السببية العقلية ـ التجريبية وفي دراسته الدقيقة للخلافات الفكرية القائمة بين الفلاسفة وجد أن لجميع التجارب الحسية حدّين متضادين، ووجه التضاد أو التناقض هو في العلاقة التبادلية القائمة بين الإنسان كراصد والأشياء المرصودة

وبين الإنسان كراصد ومشارك وفاعل والأحداث المرصودة الفاعلة والمنفعلة في آن واحد. وكان سعادة قبيل استشهاده عام 1949 قد قدّم مفهوماً فلسفياً جديداً حول فكرة الله ـ الطبيعة أو الطبيعة ـ الله، وأعلن أن كل ما هو طبيعي هو إلهي وكل ما هو إلهي هو طبيعي. ولهذا المفهوم الجديد (بأن الطبيعة هي الله وأن الله هو الطبيعة)، مؤيدون في جميع الدوائر الفلسفية العالمية ويعتبر حلاً فكرياً عملياً لعدد من الخلافات الفلسفية القائمة.

إن دور سعادة في الفلسفة الحديثة يشبه تماماً دور أينشطين في الفيزياء الحديثة. فأينشطين في نظرية النسبية قد توصّل إلى توحيد مفاهيم الزمان والمكان، والطاقة والكتلة، وقوتي الاستمرار والجاذبية في علاقات رياضية منطقية متكاملة، في الوقت الذي كانت فيه الفيزياء الكلاسيكية تنظر إلى كل من هذه الظواهر كأنها ظاهرة مستقلة ومطلقة. وكذلك سعادة في فلسفته المدرحية، استطاع أن يلغي مفهوم المادة المطلقة والروح المطلقة، واستطاع أن يحقق التوحيد والارتباط الكاملين بين المادة والروح، وبين النفس والذات، وبين الوعي والحياة، وبين العقل والإدراك الحسي وبين الله والطبيعة في علاقة منطقية فلسفية واحدة، في الوقت الذي لا تزال فيه الفلسفات الجزئية الأخرى تنظر إلى كل ظاهرة من هذه الظواهر كأنها مستقلة ومطلقة.

ولا شك بأن الجانب الأكبر من نشاطات سعادة الفكرية والفلسفية ما زال مجهولاً بسبب إتلاف معظم الوثائق المتعلقة بتلك النشاطات، ولكن مطالعاتي وتحقيقاتي خلال الستينات والسبعينات قد كشفت عن بعض تلك المجاهيل. ويبدو أن نشاط سعادة الفلسفي قد بدأ في أوائل

الثلاثينات في أثناء وجوده في الجامعة الأميركية في بيروت كأستاذ للغة الألمانية. وتشير بعض المعلومات إلى أن سعادة كان قد وجّه ثلاث رسائل فلسفية بالألمانية بين تشرين الثاني 1932 وآذار 1933 إلى مجلة "المعرفة" (Erkenntnis) التي كانت تصدر ستّ مرات في السنة عن دائرة الفلسفة في جامعة فيينا (النمسا). وكانت تنطق بلسان ما عُرف فكرياً وتاريخياً باسم "حلقة فيينا للإيجابيين المنطقيين". وفي هذه الرسائل (التي وجهت إلى رئيس التحرير الفيلسوف الألماني (هانس رايشنباغ) انتقد سعادة البرنامج الفلسفي للحلقة، الذي وضعه الفيلسوف الكبير رودلف كارناب وهو من أقطاب الفلسفة الغربية. وقبل الإشارة إلى مجمل محتوى رسائل سعادة، لا بد من الإشارة بإيجاز إلى حلقة فيينا المذكورة نظراً لأهمية الدور الذي لعبته في تاريخ الفلسفة الغربية المعاصرة، وبالتالي لأضع القارئ في الأجواء الفكرية التي ساهمت بإقامة البنيان الفكري الفلسفي لدى سعادة وكان لها الأثر في نمو فكره الفلسفي وتطوّره.

المعروف أن جامعة فيينا كانت منطلقاً ومركزاً لحركة فكرية علمية ـ فلسفية بدأت عام 1922، وعرفت هذه الحركة على الخصوص باسم "مدرسة الفلسفة الوضعية الإيجابية" وعلى العموم باسم "حلقة فيينا للإيجابيين المنطقيين"، وكانت تضم مجموعة من كبار المفكرين والفلاسفة والعلماء في هذا العصر أمثال رودلف كارناب وهانس هاهن وفيليب فرانك وكارل مينغر وأرنست شرودنغر وكورت غوديل وعشرات سواهم. وجاءت هذه الحركة كردّ فعل عنيف ضد الفلسفة الألمانية المثالية المعادية في بعض النواحي للعلم الحسّي. ولم يكن الهدف الرئيسي لها فلسفياً بقدر ما كان علمياً، لأنها كانت تهدف

إلى إحلال التجربة الحسية مكان الفكر الفلسفي البحت. فحاربت الحلقة المواضيع الفلسفية البحت كالـ "ميتافيزياء" ونظرية المعرفة ونظرية القيم والمثل والأخلاقيات إلخ.. وبذلك كانت تنحو منحى الفلسفات المادية دون الارتباط المباشر بعجلة المادية الجدلية ـ التاريخية. وكان القاسم المشترك بينها وبين تلك الفلسفات مهاجمة الكنيسة والتعاليم الدينية المسيحية في الدرجة الأولى والقضاء على الفكر والطروحات الدينية في الفلسفة الأوروبية المعاصرة.

واستقطبت هذه المدرسة مجموعة كبيرة من المفكرين والفلاسفة والعلماء من النمسا وألمانيا وفرنسا وبريطانيا وبولونيا والولايات المتحدة. وكان لودفيغ وتغنشتاين (Wittgenstein) وكارل بوبر (Popper)، وهما من أبرز فلاسفة هذا العصر، من المؤيدين لحلقة فيينا دون الانضمام رسمياً إلى اجتماعاتها. وكانت مجلة الحوليات الفلسفية (Annalen Der Philosophie) التي كانت تصدرها دائرة الفلسفة في جامعة فيينا تنطق رسمياً بلسان الحلقة. ثم تبدّل الاسم عام 1930 فأصبح "المعرفة" (Erkenntnis) واستمرت بالصدور حتى عام 1938 حيث انتقلت إلى لاهاي (هولندا) وأصبح اسمها فيما بعد "مجلة العلم الموحد" (Journal of Unified Sciences) وانفرط عقد الحلقة قبل بداية الحرب العالمية الثانية في أثناء الاحتلال النازي للنمسا عام 1938. وقد استقطبت الجامعات الأميركية معظم الأعضاء البارزين في الحلقة. وأعيد تنظيم الجماعة في الولايات المتحدة في أواخر الحرب العالمية الثانية تحت اسم "التلمسية المنطقية" (Logical Empiricism). ولكن مدرسة التلمسية المنطقية انتهت إلى الانحلال لتحتل خمس صفحات فقط في تاريخ الفلسفة المعاصرة. وجاء في رسائل سعادة المذكورة، أن مجمل الرسالة

الأولى نقد البرنامج الفلسفي الذي وضعه كارناب بصورة عامة. ولكنه وجّه نقده بصورة خاصة إلى مبدأ الإثبات (Verification Principle) الذي وضعه كارناب ضمن برنامجه الفلسفي وتبنّاه بعد ذلك الفلاسفة الإنكليز أمثال ألفرد آيير (Ayer) وجورج ادوارد مور (Moore) وبرتراند راسل (Russel) وشارلز بروود (Brood) وسواهم. والجدير بالذكر أن نقد سعادة لهذا المبدأ كان من الوجهة التاريخية أول نقد من نوعه يوجّه إلى ذلك المبدأ وتبعه بعد ذلك بعدة سنوات الفلاسفة غلبرت رايلي (Ryle) عام 1937 وجون أوستن (Austin) عام 1939 في نقد ذلك المبدأ. ويعتبر النقد الذي وجهه سعادة عام 1932 لمبدأ الإثبات ولمفهوم الاختبار الحسي (-Sense Experience) الذي تضمنه، الهيكل الفكري الرئيسي والإطار الفلسفي العام لما عرف فيما بعد، في أوائل الأربعينات، باسم النظرة أو الفلسفة المدرحية.

وبيّن سعادة في رسالته الثانية، التي تضمنت نقداً مسهباً لمبدأ الإثبات، أن الاختبار الحسي وحده لا يؤدّي إلى الثقة والاطمئنان المطلوبين في تأكيد الأحكام وصدقها، وأن الاختبار الحسي وحده كوسيلة لإثبات الحقيقة وصدقها غير كافٍ، لأن هذا الاختبار معرّض في كل مراحل أحداثه للوقوع في العديد من الأخطاء. ففي معظم التجارب والأرصاد والملاحظات والحسابات التي يقوم بها العلماء والباحثون تقع بعض الأخطاء التي لا يمكن تلافيها مهما بالغ الباحث في الدقة والحذر وتحلّى بالصبر وطول الأناة. وهذه الأخطاء لا يمكن اكتشافها وتصحيحها إلا إذا اقترن الاختبار الحسي بالاختبار الفكري أو التفكر (Thought Experience) إلى جانب الاختبار الإلهامي أو الحدس أو التبصر (Inspiration or Intuition Experience).

97

وهكذا كشف سعادة منذ بداية تفكيره الفلسفي على أن الوجود الإنساني ينطوي على ثلاث ظواهر أساسية متتامّة وموحدة في كيانه. وهي الظاهرة الحسية التي تتعامل مع التجربة ومجالها العلم، والظاهرة العقلية التي تتعامل مع الفكر ومجالها الفلسفة، والظاهرة النفسية التي تتعامل مع الإلهام والإشراق والتبصر والحدس ومجالها الدين أو العرفان أو الروحانيات. ومن يحاول أن يفصل بين هذه الظواهر ويتعامل معها كوحدات مستقلة ضمن الكيان الإنساني، يكون كمن يشوّه الوجود الإنساني ويدمّره. وهذا ما فعلته الفلسفات الجزئية من مادية وروحية متطرفة في سائر بقاع العالم. ولذلك نرى أن سعادة قد أكّد على أهمية دور العالم والفيلسوف في بناء المجتمع وفي تخطيط حياة جديدة له. كما أنه لم ينفِ دور الإيمان الديني والروحي، ولكنه نهى عن التعصب الديني والمذهبي بين أبناء المجتمع الإنساني.

وكان مجمل محتوى رسالة سعادة الثالثة معالجة فلسفية لمشكلة الثغرة الملاحظة في التكوين المنطقي للاستقراء (Induction) وعجز المذهب التجريبي عن تقديم تفسير أصولي للاستدلال الاستقرائي، وبالتالي عدم كفاية مبدأ عدم التناقض في تعليل وتوضيح القفزة التي يتطلبها الدليل الاستقرائي في سيره وانتقاله من الحالات الخاصة إلى الحالات العامة، حيث تكون النتيجة دائماً أكبر من المقدمة وليست مستبطنة فيها. وقد أوضح سعادة في رسالته إمكانية سد تلك الثغرة باستخدام أسلوب الترجيح على أساس دمج مبدأي السببية (Causality) والاحتمال (Probability) بحيث يؤدي هذا الدمج إلى إيجاد مبدأ جديد يجمع بين السببية الاحتمالية (Probable Causality) والاحتمال السببي (Causal

98

(Probability)، ويحمل في ثناياه الفكرة الصائبة والقاعدة العملية والتفسير الضروري لسد تلك الثغرة الخطيرة في عمليات الاستدلال الاستقرائي.

....

وطالما أننا في إطار الحديث عن "المدرحية" وقبل أن ننتقل إلى فصل جديد، يشرِّفني أن أورد فيما يلي الكلمة التي ألقاها الدكتور يوسف مروّه في الاحتفال التكريمي الذي أقيم لي على أثر صدور كتابي "الأبله الحكيم" في طبعته الثالثة عام 2010، حيث أشار إلى الفلسفة المدرحية المتجلية في المقطوعات الوجدانية التي تضمنها الكتاب.

❖

فلسفة المحبة والنظرة المدرحية
في كتاب "الأبله الحكيم"

في دراسة كتاب "الأبله الحكيم"، لمؤلفه الأستاذ خالد حميدان، نجد عملاً فكرياً وجدانياً فلسفياً. ونلاحظ أن النص الأدبي قد استوفى درجات الجمال، واجتمعت فيه مقومات الفكر والعاطفة والخيال والأسلوب الجميل، بالإضافة إلى ما حملته هذه المقومات من ظلال، وأضواء وأنغام وإيقاعات.

والأبله الحكيم هو شخصية رمزية تجمع بين البلاهة والجنون من ناحية، والنباهة والعقل من ناحية أخرى. وقد استخدمها الكاتب في توضيح وشرح آرائه وأفكاره كما فعل نيتشة في "هكذا تكلم زرادشت" وغوته في "الديوان الشرقي" وجبران في "النبي" ونعيمة في "مرداد" وحاوي في "نهر الرماد". فالباحث في معنى ومفهوم وكلمات "الأبله الحكيم" يقع في حيرة إذا أراد أن يطلق صفة أو تسمية معينة لتعبر عن جوهر تلك الكلمات، لأنها في الواقع تأملات ونغمات ونفثات ونسمات وتألقات وخواطر وحكم وأضواء وألحان ورؤى وآفاق ورسائل في آن واحد.

ويلاحظ القارئ الباحث أن مفهوم المحبة هو المحور الفلسفي والعلمي الرئيسي في رسائل "الأبله الحكيم". وتتمحور حوله عدة مضامين نفسية وصوفية وفلسفية. ومهما تعددت المضامين فإن الجوهر لا يتغير ولو ظهر بألف وألف صورة. فالكائن الحي تجذبه الحياة، لأنه يلمس فيها كل ما خلقه الله من حق وخير وجمال. وبالتالي من حق المفكرين والفلاسفة المبدعين أن يؤمنوا بخلود القيم

الروحية. وبأن المحبة والحياة والروح والنفس والعقل والذات والضمير، تنتصر دوماً على الموت، لأنها تذوب في آفاق اللانهاية. وهذا الذوبان يعني الخلود في حياة أبدية لامتناهية، ذلك أن كل ما يقع في نطاق شبكة اللانهاية يصبح جزءاً منها أي لامتناهٍ.

طبعة سلفة وسخة رمال الأحب سامل نجيد
خالـد نيـدار

في مراجعة "الأبله الحكيم" نجد ثلاث عشرة مقطوعة من الأدب الوجداني، مشحونة بالأفكار الروحانية والعرفانية والفلسفية، تعبّر عن أبعاد مادية ـ روحية (مدرحية)، تتسامى وترتفع في أجواء وآفاق تتجاوز حدود الزمان والمكان (الزمكان)، ونكتشف فيها تياراً من الأنفاس والمشاعر والأحاسيس التي تتمحور في حركاتها حول محور مدرحية المحبة، ويتجذر وجودها في آفاق الكون اللامتناهية، وتتجلى معانيها في أعمال الإنسان النبيلة وسلوكياته الحسنة. ويمكن للباحث من خلال التأمل في مقطوعات "شمعة ساهر" و"أبعد من حلم" و"لمَ أحيا" و"أمل لا يموت"، أن يكتشف بسهولة الروابط الفكرية التي تشير إلى انتماء وارتباط فكر المؤلف بمدرسة الفلسفة المدرحية التي وضعها سعاده.

في دراستي المتأنية للأبله الحكيم اكتشفت مؤشرات فلسفة المحبة من خلال الرموز المتألقة في كلمات وسطور المقطوعات الشعرية المنثورة في الكتاب. ووجدت أن مفهوم "المحبة" الموضوعي يعني التجاذب وميل الطبع الإنساني إلى الأشياء المتناسقة والمتماثلة. وأما مفاهيم ومعاني وأوصاف المحبة الوجدانية فقد جاءت في تعابير

101

وتأملات الكاتب بصورٍ وألحانٍ عديدة مثل برعم الأمل، سر الخلود، نغم الروح، بهجة النفس، عطر الحياة إلى ما هنالك من صور مماثلة. وفيما يلي بعض الأمثلة من صور المحبة التي جاءت في مقطوعة "شجرة العطاء" ص. 60-61:

"لا تمنح عطاءَك لقريب
دون بعيد،
وحبيب دون بغيض..
فإذا ما بلغت درب المحبة
فأنت قريب لكل عابر
وحبيب لكل مسافر!"

"اجعل لنفسك من المحبة زاداً
ومن الإيمان ذخراً..
وكن مؤمناً ضروعاً،
فإن أوصدت بابك بوجه النور
قتلتك أشباح الظلمات.."

وهكذا فإن كتاب "الأبله الحكيم" كما وصفه الفيلسوف الكبير ميخائيل نعيمة، **"تميز بالحكمة وبالعمق الصوفي وبالنفثات والأنفاس الشعرية الأصيلة المتصاعدة من الوجدان، وبالنزعة الباطنية التي لا تتهيب الغوص إلى الأعماق ولا تتلهى بظواهر الأشياء عن بواطنها"**. والملاحظ في "الأبله الحكيم" أن الأستاذ خالد حميدان، عندما تطرق إلى الجانب المادي من فلسفة المحبة، توصل إلى

الكشف عن ناموس المحبة الكوني، حيث أن المحبة هي التجاذب الكوني القائم بين المخلوقات من أصغر ذرة في الوجود إلى أعظم مجرة في الكون. فهي العُرى اللامرئية التي تربط بين الأشياء في المتصل المدرحي، وهي خيوط التجاذب المحسوس والمرصود التي تصل بين الأشياء في المتصل الزمكاني. ذلك لأن الكون، كما يقول أينشطين، هو متصل زمكاني (Universe is a space-time continuum) وإن الوجود، كما يقول سعادة، هو متصل مدرحي (Existence is a materio-spiritual continuum). وقد يسأل سائل عن الفرق بين متصل أينشطين الكوني الزمكاني، ومتصل سعادة الوجودي المدرحي؟ والجواب هو أن الأول محدود بأبعاده وآفاقه، ويتسع مداه ليشمل أفعال وردود أفعال قوى الكون المادية من جاذبية وكهرطيسية ونووية. في حين أن الثاني بلا حدود وتمتد أبعاده وآفاقه إلى ما لا نهاية، ويتسع مداه ليشمل أفعال وردود أفعال قوى الكون المادية وقوى الوجود غير المادية مثل الروح، والحياة والعقل والنفس. والمعروف أن أينشطين صاغ نظرية النسبية الكونية بمعزل عن الوجود الإنساني ودوره الكوني، في حين أن سعادة صاغ النظرة المدرحية الوجودية وجعل الإنسان محوراً للوجود. وهذا هو الفارق الرئيسي بين نظرة أينشطين ونظرة سعادة.

فالإنسان إذن كائن فاعل في الكون وفي الوجود، ويشكل بحد ذاته متصلاً مدرحياً زمكانياً في آن واحد. وهنا تظهر قيمة وأهمية المحبة في هذا المتصل كمحور ذي قطبين، أولهما روحي، وهو الميل الفطري نحو الأشياء الجميلة المتناسقة في الشكل والمتماثلة في الصورة. وثانيهما مادي، وهو التجاذب بين شحنتي الكهربائية السالبة والموجبة في ذرات الوجود. وفي الخلاصة، نؤكد على أن

المحبة هي جوهر وسبب الانسجام والاستقرار والتوازن الكوني بين كل المخلوقات والكائنات. وأن جوهر المحبة (أي التجاذب الكوني) يكمن في سر المساواة المطلقة بين مقدار الشحنة الكهربائية السالبة في جسيمة الإلكترون والشحنة الموجبة في جسيمة البروتون في كل ذرة من ذرات الوجود. ولو أن مقدار إحدى الشحنتين زاد أو نقص عن الآخر بمقدار جزء واحد من تريليون جزء من وحدة قياس الشحنة الكهربائية المعروفة باسم (الكولومب) فإن ذلك يؤدي إلى سيطرة الشحنة السالبة أو الموجبة على ذرات المادة في الكون. وهذا ما يجعل تلك الذرات في حالة تنافر دائم بدلاً من حالة التجاذب الدائم. وهذا بدوره يؤدي إلى دمار الكون وانهيار نظام الوجود وتشويه الخلق والخليقة وتعطيل القوانين الطبيعية في الكون.

وبعد أن أنهى الدكتور مروّه كلمته، استأنف قائلاً: "تجدُ فيما يكتبُ خالد حميدان، عملاً فكرياً

وجدانياً متكاملاً إذ تجتمعُ فيه مقوماتُ الفكرِ والعاطفةِ والأسلوبِ الجميل.." ثم دعاني إلى المنصة ليقدم لي درع الوفاء باسم "الاتحاد العالمي للمؤلفين باللغة العربية" تقديراً لبلورة فلسفة المحبة في كتاب "الأبله الحكيم"..

❖

الفصل الخامس

مركز التراث العربي
AHC
Arab Heritage Centre

كان لقائي الأول بالدكتور يوسف مروّه عام 1995 بعد تقاعده عن العمل ببضعة أسابيع، وكنت قد سمعت الكثير عن دراساته المتقدمة في الرياضيات والفيزياء والفلك وإنجازاته المتطورة في مجالات الهندسة النووية، وهو الذي عمل في محطات بيكرنغ ودارلنغتون وبروس النووية واستحق العضوية العلمية في معهد المهندسين النوويين والجمعية النووية الكندية والأميركية.

والواقع إنني كنت أنتظر الظرف المناسب للتعرف إليه والتقرب منه لشدة اهتمامي بما يقوم به من إنجازات علمية تخدم البشرية جمعاء وتدخل في صلب الحضارة الإنسانية التي ستعتبرها، دون شك، الحجر الأساس لتقدم الصناعات المتطورة.

وكانت المفارقة الكبرى إذ وجدته مشغولاً بجمع المصادر التي تؤكد وصول الفينيقيين والعرب والمسلمين إلى القارة الأميركية قبل كولومبس. وعرفت منه أنه يعمل، بعيداً عن النظريات العلمية والمختبرات النووية، على تثبيت الفكرة التي تعتبر أن كريستوفر كولومبس هو آخر من وصل إلى القارة الأميركية. وسنعود فيما بعد إلى تفاصيل هذا البحث.

كنت من أوائل الذين حاوروا الدكتور مروّه حول موضوع اكتشاف أميركا ذلك أن لهذه الحقيقة إذا ما شاعت وأذيعت، سيكون لها وقع

كبير على مجرى التاريخ لأنه سيفضح أمر المغرضين العاملين على تزوير الوقائع التاريخية بما يتلاءم مع مصالحهم وطمس المعالم التي تظهر إنجازات العرب وتفوق فكرهم الثاقب، ليس في اكتشاف أميركا وحسب وإنما في علوم الرياضيات والفيزياء، والفلك، والهندسة النووية وغيرها..

وقررت منذ اليوم الأول أن أكرر لقاءاتي بالدكتور مروّه للاطلاع منه على كل ما يفيدني في وضع الدراسات اللازمة والضرورية لتصبح خميرة "مركز التراث العربي" الذي كنت قد أسسته لهذه الغاية. وقد حرصت على العلاقة المميزة مع الدكتور مروّه كمن وجد كنزاً وبات يخاف عليه من الضياع..

كان لي شرف تأسيس مركز التراث العربي في كندا عام 1995 لغايات متعددة:

1- لم يكن قائماً على الأرض الكندية مركز أو مؤسسة تعنى بالثقافة العربية وأهمية صلتها بالتراث العربي.

2- إحياء التراث العربي والتعريف به لأبناء الجاليات العربية بالدرجة الأولى وسائر الشرائح الاجتماعية الأخرى باستخدام اللغة الإنكليزية التي يفهمها الجميع. وفي هذا ما يعزز الحضور العربي في المجتمع الكندي، وتعميم الفكرة فيما بعد على سائر المغتربات.

3- الاستعانة بأصحاب الاختصاص، من أبناء الجاليات العربية، في سائر المجالات العلمية والأدبية، وحثهم على الإسهام في دور مركز التراث وتزويده بإنتاجاتهم وإنجازاتهم لتكون فيما بعد بمتناول كل راغب بالاطلاع عليها.

ومن أجل تلك الأهداف المبينة أعلاه، عملت على تأسيس مجلة ثقافية اجتماعية دورية باسم "أضواء" لتكون صورة وصوت مركز التراث

العربي. وكان يطبع من كل عدد 5000 نسخة توزع مجاناً على سائر المراكز والمؤسسات والمحلات التي يتواجد فيها أبناء الجالية.
وفي وقت لاحق قمت بنشر جريدة باسم "الجالية" تعنى بشؤون الجالية الاجتماعية والاقتصادية دون أن أغفل الموضوع الثقافي الذي هو أساس وغاية كل إصدار.

ولا بد هنا من ذكر النشاطات الثقافية والإعلامية التي قمت بها من خلال مركز التراث العربي بين سنتي 1995 و2015

1 ـ تأسيس مركز التراث العربي (مؤسسة لا تتوخى الربح)

2 ـ تأسيس المركز الاستشاري للنشر والإعلام

3 ـ تأسيس شركة "مارشال" للإنتاج الفني والإعلامي

4 ـ تأسيس ونشر مجلة "أضـواء"

5 ـ تأسيس ونشر جريدة "الجالية"

6 ـ تأسيس الموقع الإلكتروني: "arabcanadian.com"

7 ـ تأسيس المهرجان الكندي المتعدد الثقافات بهدف إشراك الجاليات المختلفة في فعاليات مركز التراث العربي الثقافية.

8 ـ إقامة عدد كبير من اللقاءات الفكرية في مناسبات مختلفة.

9 ـ الاحتفال بإنجازات المبدعين العرب في مختلف الحقول.

ونشير بأن جميع أعمال المؤسسات المذكورة كانت تصدر باللغتين العربية والانكليزية وكان لنا شرف التعاون مع مجموعة من المثقفين العرب شكلوا فيما بعد مجلس المستشارين الإعلاميين. كما تجدر الإشارة إلى أنه كان الدكتور يوسف مروّه عرَّاب المركز إذ كانت له مشاركة أساسية ورئيسية في كل الأعمال الثقافية التي صدرت عنه

وقد اختاره مجلس المستشارين ليكون رئيساً لمجلس أمناء مركز التراث العربي نظراً لعطاءاته المتعددة في خدمة التراث العربي.

وقد تألف مجلس المستشارين من مجموعة أخصائيين جامعيين في مجالات علمية مختلفة، مشهود لهم بنشاطاتهم الثقافية والاجتماعية على صعيد الجاليات العربية خاصةً والمجتمع الكندي عامةً وهم السيدات والسادة التالية أسماؤهم:

- الدكتور يوسف مروّه
- الدكتور عاطف قبرصي
- الدكتور كلوفيس مقصود
- الدكتور جوزيف دابلــــه
- الأستاذ فارس بدر
- السيدة ليلى البندقجي
- الدكتور علي الملّاح
- السيدة فاديا حميدان
- الأستاذ وليد الأعور
- الدكتور بشير أبو الحسن
- الأستاذ حبيب سلّوم
- الدكتور إبراهيم حيّاني

وتجدر الإشارة إلى أنه كانت لكلٍ من أعضاء مجلس المستشارين مساهمةٌ أو مشاركةٌ فعالة في الأعداد التي صدرت سواءً من مجلة "أضواء" أو جريدة "الجالية". أما أبرز الأعضاء الذين كانت لهم مشاركة دورية في كل عدد من الإصدارات، هم د. كلوفيس مقصود، د. يوسف مروّه، الأستاذ فارس بدر، د. إبراهيم حياني والأستاذ حبيب سلّوم.

حوار مع الدكتور يوسف مروّه

في أول حوار أجريته مع د. مروّه (نشر في مجلة "أضواء") وكان يروّج لفكرة اكتشاف القارة الأميركية، كتبت في المقدمة: تجري في عدد من المدن الكندية والأمريكية احتفالات ومهرجانات ثقافية استجابة للاقتراح الداعي إلى تخليد ذكرى وصول الفينيقيين والعرب إلى شواطئ الأميركيتين. أما صاحب المشروع ـ الاقتراح فهو الدكتور يوسف مروة، الباحث والعالم والمؤرخ، المقيم في كندا منذ أكثر من خمس وعشرين سنة وهو الذي أمضى أكثر من عشر سنوات في التنقيب والبحث في مؤلفات ومراجع لمؤرخين غربيين اعترفوا بأسبقية الفينيقيين والعرب باكتشاف القارة الجديدة قبل كريستوفر كولومبوس. وكأنه يكشف النقاب عن حقائق طمست على مدى أجيال، عمل الإعلام الغربي ولا يزال، على تجاهل الحقائق وتثبيت الزيف التاريخي.

وفي خضمِ الاحتفالات والمهرجانات الثقافية العربية التي جرت مؤخراً، كان لمجلة "أضواء" لقاء مطوّل مع الدكتور مروة عرفنا على أثره أنه تقدم إلى الحكومة اللبنانية بمشروع الاحتفال العالمي بالذكرى الألفين وخمسمائة لوصول الفينيقيين إلى القارة الجديدة، والى الحكومات العربية وجامعة الدول العربية بمشروع الاحتفال العالمي بالذكرى الألفية لوصول العرب إلى القارة الجديدة. وذلك من أجل عرض تراث لبنان والعرب في برنامج ثقافي ـ إعلامي ـ سياحي عالمي، وكان ذلك قبل أكثر من عامين (1995). وقد نوّه بالمناسبة بتوجيهات سعادة السفير اللبناني في كندا وعميد السلك الدبلوماسي العربي في أوتاوا آنذاك الدكتور عاصم جابر، لتشجيعه المشروع ودعمه المعنوي له.

وعن ردة الفعل على المشروع المقترح يقول مروّه: مع الأسف، فإن الحكومة اللبنانية على مستوى وزراء الخارجية والمغتربين والإعلام والسياحة والثقافة لم تبدِ أي اهتمام حتى الآن، بالرغم من مرور أكثر من عامين على إرسال الاقتراح. وكذلك نأسف لعدم ورود أي رد من أصحاب السعادة السفراء العرب في أوتاوا. وأقل ما كنا ننتظر من كل سفير، رسالة جوابية على رسالتنا وبالتالي اعترافاً باستلام المشروع ـ الاقتراح وإحالته إلى الوزارة أو الوزارات المختصة في بلده. (نذكر هنا أنه لتاريخ كتابة هذه السطور ـ عام 2020 ـ لم يرد أيُّ ردٍ من أيةِ جهةٍ رسمية عربية).

ويضيف د. مروّه: بالرغم من التجاهل الرسمي للحكومة اللبنانية والحكومات العربية للمشروع، فقد استطعنا عن طريق الإعلام العربي، والاتصالات الفردية والجماعية، والمثابرة على استخدام أسلوب التوعية والتثقيف ونشر الحقائق التاريخية والمعلومات والوثائق العلمية، من تهيئة الجاليات العربية للمساهمة في تحقيق الجانب الثقافي والإعلامي من المشروع. وقد وضعت اللجان المختصة برامج الاحتفالات والمهرجانات في كل من المدن التالية: تورنتو ووندسور ومونتريال وأوتاوا وإدمنتون وسواها من المدن الكندية. كما حجزت القاعات وأرسلت الدعوات إلى المواطنين مباشرةً وبواسطة الصحف المحلية في كل مدينة. أما الآن وقد أصبح لدينا مركز متخصص لحفظ التراث العربي وإحيائه، (يقول مروّه) فيمكن الاستفادة منه ومن جميع المؤسسات المرتبطة به لتظهير الاقتراح هذا وغيره من المشاريع الثقافية والتراثية.

وبالفعل كان أول الاحتفالات يوم 11 تشرين الأول (أكتوبر) 1997 في قاعة المحاضرات التابعة لمركز الدراسات الطبية في جامعة

تورنتو. وكان الاحتفال الثاني بتاريخ 15 تشرين الأول في برلمان مقاطعة أونتاريو في تورنتو. وكان الاحتفال الثالث خلال يوم التراث العربي الذي أقامه الاتحاد العربي الكندي بتاريخ 19 تشرين الأول والاحتفال الرابع بتاريخ 2 تشرين الثاني (نوفمبر) بدعوة من جمعية الهدى الإسلامية اللبنانية في قاعة محاضرات وكسفورد ـ سكاربورو، والاحتفال الخامس في مدينة وندسور بتاريخ 16 تشرين الثاني. وكان آخر الاحتفالات بتاريخ 30 تشرين الثاني بدعوة من مركز التراث العربي في تورنتو. وقد تم الإعلان عن احتفالات ومهرجانات ستقام في واشنطن وبوسطن وشيكاغو ولوس انجلوس وسواها من المدن الأميركية.

ولماذا هذه المهرجانات والاحتفالات؟

إن الغاية من الاقتراح هو ثقافي ـ إعلامي ـ سياحي (يقول مروّه). أما الأهداف الأساسية المتوخاة فهي تتلخص بما يلي:

أولاً: إعلان كلمة الحق والحقيقة العلمية التاريخية للعالم. إن كولومبوس، الذي يعتبره العالم الغربي مكتشفاً للقارة الجديدة (وقد احتفل الغرب عام 1992 بمرور خمسمائة سنة على وصوله القارة الجديدة) هو في الحقيقة، كما تشير الوثائق التاريخية، كان آخر من وصل إلى أميركا كمكتشف عام 1492. ويبدو أنه كان في صباه بحاراً مغموراً على ظهر سفينة تجارية عربية في العام 1467 (وكان عمره 16 عاماً آنذاك) حيث أبحر من ميناء طنجة إلى السويرة وطرفاية والعيون (المغرب)، ومن ثم إلى معبور (السنغال)، وسليمى (سيراليون)، ودابوه (شاطئ العاج)، والمينا (غانا). ومنها أبحرت السفينة إلى الرصيفة (البرازيل). وكان يظن

كولومبوس أن السفينة العربية قد وصلت به إلى بلد من بلدان شرقي آسيا. وبعد عودة السفينة إلى طنجة في أواخر العام التالي، سُرِّح من عمله، وقضى ربع قرن من حياته بعد ذلك متنقلاً بين موانئ جنوى ومرسيليا وطنجة حيث كان يعمل بحاراً على السفن التجارية. ولم يلبث أن ظهر على المسرح السياسي فجأة، ونال تشجيع الملكة إيزابيلا، ملكة إسبانيا، من أجل إيجاد طريق بحري جديد للوصول إلى أفاويه وطيوب وتوابل (الهند) التي كانت صعبة المنال، نظراً لسيطرة المسلمين (المماليك والأتراك) على طريق الهند الشرقي، وفرضهم الضرائب العالية على تلك السلع. وبالرغم من أن الهدف المعلن لرحلته كان تجارياً، فقد كان الهدف الحقيقي السعي لاستعمار أراضٍ جديدة والحصول على ثروات طائلة من الذهب والفضة لخزينة ملكة إسبانيا. ولما أبحر كولومبوس من ميناء بالوس في 3 آب 1492 على ظهر السفن بنتا وثينا وسانتا ماريا ووصل إلى شاطئ كوبا، لم يتجرأ على النزول في تلك الجزيرة عندما شاهد قبة مسجد بالقرب من الشاطئ في منطقة جبارة. فحوّل اتجاهه إلى جزيرة صغيرة نزل على شاطئها خوفاً من أن يكتشف العرب حقيقة أمره ويكشفوا عن سوء نواياه وأهدافه الحقيقية خاصة وأن أكثر من ثلث بحارته كانوا من بقايا العرب في إسبانيا.

ثانياً: التعبير عن تحسس المغتربين العرب بضرورة وأهمية الرد على الحملات الإعلامية الغربية الظالمة التي تشن من خلال وسائل الإعلام المقروءة والمرئية والمسموعة ضد العرب. وإن الاقتراح بحد ذاته يشكل رداً إيجابياً على كل التحديات والحملات المركزة. ومن مقتضيات هذا الاقتراح أن نبيّن للغرب بالوثائق والأرقام أن وجودنا في دياره يجب أن يكون موضع اعتزازه وفخره وتقديره لأن

المغتربين من أصول عربية يعملون ويساهمون مساهماتٍ فعالة بإثراء وإغناء وتقدم ورفاهية المجتمعات الغربية بفضل ما يقدمه العلماء والمخترعون والباحثون والخبراء والمهندسون والتقنيون ورجال الصناعة والإنشاء والإعمار العرب من أعمال ونشاطات واكتشافات واختراعات وتصاميم وصناعات ومنشآت في ديار الاغتراب.

ثالثاً: الرد بشكل خاص على الحملة الشعواء التي يشنها الإعلام الغربي على الجاليات العربية في أميركا الشمالية عشية حادث أوكلاهوما الإرهابي وطالب من خلالها الحكومة الأميركية بطرد المغتربين العرب. وكان لا بد من رد فعل ثقافي حضاري لدى الجاليات العربية. وقد جاء اقتراحنا تعبيراً عن رد الفعل العفوي للدفاع عن تاريخنا المشرف وتراثنا الخالد وكرامتنا الجريحة في ديار مغتربات أميركا الشمالية.

إن وجودنا الثقافي والحضاري التاريخي في القارة الجديدة، وعلاقتنا الثقافية الحضارية مع سكان البلاد الأصليين، التي ما زالت معالمها وآثارها بادية وظاهرة للعيان حتى الآن، تعطينا ميزة حضارية وسبقاً ثقافياً على الكثير من المهاجرين والمغتربين الذين استوطنوا القارة الجديدة بعد كولمبوس. لأن الألفباء الفينيقية والألفباء العربية بخطها الكوفي القديم ما زالت حتى اليوم مستخدمة في كتابة لغات ولهجات عدد من قبائل الهنود الحمر في أميركا الشمالية والجنوبية مثل قبائل النجاشي والرواق والحوكم والركانة والحوبة والبيما والعلمك وسواها. ونأمل أن تتمكن الجامعة العربية أو سواها من المؤسسات العربية الرسمية من إرسال لجنة تحقيق علمية للاطلاع ودراسة الأمجاد العربية المجهولة في الأميركيتين. ولعل وسائل

الإعلام العربية الرسمية تتحرك فتكتب حول هذه الحقائق العلمية التاريخية المجهولة في بلدان العالمين العربي والإسلامي. وقد أوجزنا هذه الحقائق في دراسات وكراسات باللغتين العربية والإنكليزية ونشرناها في العديد من وسائل الإعلام العربية والإنكليزية. إن تراث وأمجاد العرب الحضارية والثقافية في القارة الجديدة يجب أن تكون مدعاة للافتخار لكل عربي، مقيم ومغترب.

رابعاً: إن البعد السياسي الوحيد لاقتراحنا هو أنه جاء أيضاً رداً عفوياً على إعلان إسرائيل عن احتفالها بذكرى مرور ثلاثة آلاف سنة على تهويد القدس. إن رد الفعل العفوي على الاحتفال بتهويد القدس هو الاحتفال بالتراث الثقافي الحضاري الفينيقي (الكنعاني) والعربي في أميركا قبل كولومبوس وأثره في حضارات شعوب القارة القديمة. إن احتفالنا بمرور ألفين وخمسمائة سنة على وصول أجدادنا الفينيقيين (الكنعانيين)، الذين تمثلت بهم كل الشعوب العربية القديمة، إلى القارة الجديدة قد اعتمد على الآثار والنقوش الهيروغليفية (مصر) والإسفينية (العراق) والفينيقية (سوريا ولبنان وفلسطين) والقرطاجية (تونس) والتيفيناغية (الجزائر) والنوميدية (المغرب) المكتشفة في أماكن عديدة من القارة الجديدة في الشمال والوسط والجنوب. وكل الآثار والنقوش المكتشفة تشير إلى تواجد تاريخي أصيل للشعوب العربية القديمة في القارة الجديدة.

من الملاحظ أنه كان لاستخدام كلمة "الفينيقيين" في الاقتراح ميزة خاصة. ويستطرد مروّه ليقول: "الواقع أنه جاء من باب تسمية الكل باسم الجزء الرئيسي من ناحية أولى، ولأن انتشار وتواجد المراكز التجارية قد شمل كل أنحاء البلدان العربية في الأزمنة القديمة من ناحية ثانية، ولأن النقوش الفينيقية المكتشفة في بلدان القارة الجديدة

116

متواجدة في العديد من الأماكن على طول الشواطئ الأميركية الشرقية والغربية من ناحية ثالثة. ولأن التجارة والتجار الفينيقيين هم وحدهم بين شعوب العالم القديم الذين وصلوا إلى القارة الجديدة باستخدام أربعة طرق بحرية مختلفة (شمال وجنوب الأطلسي وشمال وجنوب الباسيفيك) وبرحلات بحرية استكشافية وتجارية متتالية".

وفي ختام هذا اللقاء الشيّق الذي جمعنا بالدكتور يوسف مروة، واضع المشروع ـ الاقتراح والناطق باسم اللجان التنظيمية، ترد إلى الأذهان تساؤلات كثيرة:

ـ هل يقع على عاتق د. مروة وحده دور إحياء تراث العرب؟

ـ هل يستطيع بجهوده الشخصية أن يحوّل أنظار العالم إلى الحقيقة التاريخية التي باتت ساطعة كالشمس.

ـ هل ستعمل المؤسسات الرسمية العربية "الخجولة" على تبني المشروع فنمشي في ركابها أم أنه سيفوتنا القطار ونأخذ بالتفتيش عمَّن نلقي عليه اللوم..؟

ولمزيد من المعلومات حول اكتشاف القارة الأميركية، نورد في الفصل التالي (ص. 121) البحث الكامل بقلم الدكتور يوسف مروّه.

❖

ملحق الكتاب:

مقالات ودراسات بقلم الدكتور يوسف مروّه

لم تنشر من قبل

1- كيف ومتى أطلق اسم أميركا على القارة الجديدة

2- التراث الصوري الحضاري

3- تخليد رموز التراث العربي على خرائط القمر والكواكب

الملحق الأول

كيف وأين ومتى ولماذا..
أطلق اسم "أميركا" على القارة الجديدة؟

فيما يلي مراجعة علمية نقدية دقيقة حول اكتشاف القارة الأميركية وتسميتها من خلال المؤلفات والسير الذاتية لرجال الاستكشاف والملاحة في التاريخ حيث يبدو فضل العرب ثابتاً في ذلك الاكتشاف.

1ـ الدور العربي في التسمية الجديدة:

نشر الكاتب والشاعر والصحفي اللبناني المعروف رفيق المعلوف مقالاً في مجلة "العربي" الكويتية (العدد 564 ــ نوفمبر 2005) تحت عنوان "خليفة كولومبوس أطلق اسمه العربي على أميركا"!. وكان الأستاذ المعلوف ينشر مجموعة أبحاثه ومقالاته تحت عنوان "مفكرة الأيام ـ خمسون سنة في الصحافة" المؤلفة من تسعة أجزاء، صدر منها ثلاثة أجزاء سنة 2003. وذكر الأستاذ المعلوف في مقاله أنه قد سجّل حديثاً ثقافياً مع المستشرق الفرنسي ريجيس بلاشير Blachere بتاريخ 16 ديسمبر 1955، يوم كان محرراً للشؤون الثقافية في جريدة "الجريدة" اللبنانية التي كانت تصدر في بيروت آنذاك. ولكنه نشر قسماً من ذلك الحديث في عدد "الجريدة" الصادر بتاريخ 18 ديسمبر 1955، وأما القسم الأهم من الحديث لم ينشر، لأن وعكة صحية خطيرة أصابت المحرر وألزمته الفراش مدة شهرين. وبعدها تراكمت عليه شواغل طارئة وملحّة، فنسي

121

الموضوع كلياً. ولكنه عاد وعثر على الحديث في العام 2005، أي بعد نصف قرن من تاريخ تسجيله، وذلك بعد وفاة المستشرق المذكور بمدة اثنين وثلاثين عاماً. وأنا لا أشك بمصداقية الكاتب المعروف رفيق المعلوف، ولكنني ترددت بتصديق بعض ما ورد في الحديث، ربما لأنني كنت أقرأه للمرة الأولى، ولم أكن قد اطلعت عليه في مراجع ومصادر أخرى. ولذلك صرفت قسماً من أوقات فراغي في مراجعة وتدقيق عشرات المصادر والمراجع والدراسات المتوفرة حول هذا الموضوع. وأدى ذلك إلى إزالة الشكوك التي ساورتني عند قراءة الحديث للمرة الأولى. وكان عليّ أن أراجع وأدقق في تفاصيل السير الذاتية لكل من كريستوفر كولمبوس (1451 - 1506) وأميريكو فيسبوتشي (1454 - 1512) ومارتن والدسيمولر (1470 - 1522) وجيراردوس مركاتور (1512 - 1594) وألكسندر فون همبولد (1769 - 1859) وأخيراً ريجيس بلاشير (1900 - 1973)، لأن كل هؤلاء شاركوا بتحقيق ونقل المعلومة المروية التي نشرها المعلوف حيث جاء حرفياً ما يلي:

"ولم يكن اكتشاف العالم الجديد معجزة كولومبوس وحده، بل كان لعلماء العرب والمسلمين الفضل الأكبر في ذلك الاكتشاف، لأنهم أول من استعمل البوصلة التي حصلوا عليها من الصين وأدخلوها على الاسطرلاب، آلة الملاحة التي لم تكن معروفة قبلهم في ذلك العصر. ويقول المؤرخون أن معظم البحارة الذين رافقوا كريستوفر كولومبوس في رحلته الأولى عبر الأطلسي (3 آب 1492) كانوا من العرب المتنصرنين، وبعضهم من أمهر الملاحين في زمانهم. وقد سبق للملاح العربي النجدي شهاب الدين أحمد بن ماجد السعدي الذي عاصر كولمبوس وخليفته فيسبوتشي، وكان عالماً بالفلك

وتيارات البحار والجغرافية والرياضيات، وهو أول من قاس الحقل المغناطيسي. وسبق لهذا الملاح العربي العظيم أن قطع رأس الرجاء الصالح الذي عجز عن اجتيازه البحار البرتغالي برثولوميو دياس (Dias)، ومساعد الملاح الشهير فاسكو دي غاما على الدوران حوله، ثم هداه عبر المحيط الهندي إلى الشرق الأقصى".

وتابع المستشرق بلاشير كلامه قائلاً: "وكما استعان كولمبوس بخبرة الملاحين والبحارة العرب، كذلك فعل فيسبوتشي، الذي اطلع أيضاً على مؤلفات الرحالة والعلماء المسلمين، وأهمها "نزهة المشتاق في اختراق الآفاق" للشريف الإدريسي، الذي وضع أول خريطة للأرض وأول مجسم كروي لها، وكتاب "المسالك والممالك" لإبن خرداذبة، وكتاب "الفوائد والقواعد في علم البحار" لإبن ماجد السعدي، الذي ورد ذكره فيما سبق، وعرف باسم "أسد البحار".. وغيرها. والواقع أنه لولا العلوم التي احتكرها العلماء والملاحون العرب ما بين القرنين التاسع والخامس عشر لما تمكن كولومبوس ومن بعده فيسبوتشي من اكتشاف أميركا. وأخيراً أميل بكثير من الثقة إلى الاعتقاد بأن العرب الأندلسيين هم الذين سموا القارة الواقعة

غرب الأطلسي "أميركا"، كما سمى الفينيقيون في جاهلية الأمم القارة الواقعة شمال المتوسط "أوروبا".

وختم المستشرق بلاشير روايته بقوله: "فقد قام الإيطالي أميركو فيسبوتشي برحلات متعددة إلى العالم الجديد. ويقول العلامة الجغرافي فالدسيمولر أن المستكشف فيسبوتشي لم يكن يحمل في الأصل اسم "أميركو" بل كان يدعى البيريغو Alberigo ولكنه يوم عبر الأطلسي للمرة الأولى بعد كولومبوس، وعندما استقل السفينة المخصصة لذلك، صدف أن كان معظم بحارتها من عرب الأندلس وشمال إفريقيا. فهتف ربان السفينة بالبحارة مشيراً إلى قائد الرحلة بقوله: "هذا أميركم" واستحسن "ألبير غو" هذه التسمية بالعربية، فاستبدل اسمه الأصلي باسم "أميركو" الذي حلت في نهايته الواو محل الميم في كلمة "أميركم" لتأمين مطابقتها للأسماء الإيطالية. وأطلق ذلك الاسم فيما بعد على القارة الجديدة "أميركا".

هذه هي المروية التي نشرها المعلوف في مجلة "العربي" كما جاءت على لسان المستشرق الفرنسي ريجيس بلاشير. وهنا لا بد لي فيما يلي من القيام بمراجعة علمية نقدية دقيقة لكل ما ورد في هذه المروية، من أجل إثبات البرهان الموضوعي على مصداقية الوقائع العلمية والتاريخية التي وردت في كلام المستشرق المذكور، وذلك من خلال الرجوع إلى تفاصيل سيرة حياة رجال الاستكشاف والملاحة والتاريخ الذين لعبوا دوراً رئيسياً في التسمية العربية، ونقلوا بالتالي خبر التسمية في أعمالهم ومؤلفاتهم. وبذلك نتأكد من أن أميركو فيسبوتشي لم يكن هو الذي أطلق اسمه على القارة، كما

ذكر المعلوف، بل أطلقه بعض الجغرافيين الذين جاؤوا من بعده كما سنرى لاحقاً.

2 ـ مراجعة موثقة للأثر العربي:

لا بد للباحث في هذا الموضوع من مراجعة البحوث التي قام بها المستشرق ريجيس بلاشير Blachère (1900 ـ 1973) أثناء تحقيقاته ودراساته التاريخية في معهد الدراسات المغربية العليا في الرباط (المغرب) وفي مدرسة الدراسات العليا في باريس. والمعروف أن بلاشير اعتمد في دراساته على مراجعة دقيقة للمخطوطات العربية التي نقلتها السلطات الفرنسية من مكتبات تمبكتو (Timbuktu) عاصمة مالي إلى مكتبة جامعة السوربون (باريس). ونتيجة لكل هذه الدراسات والبحوث حصل المستشرق بلاشير على الكثير من المعلومات حول مدى وسعة معارف الجغرافيين والمؤرخين العرب حول القارة الجديدة قبل كولومبوس. حيث عرف البحارة والتجار العرب والأفارقة تلك القارة تحت اسم "الأرض المجهولة" Terra Incognita وشاع هذا الاسم في كتب الجغرافيين العرب. وعرفت أيضاً تحت اسم "فوسنغ" Fu-Sang في كتب الجغرافيين الصينيين. وأطلق البحارة العرب والأفارقة على جنوب الأرض المجهولة اسم "باتاغونيا" Patagonia وهذه الكلمة إفريقية الأصل وترجع إلى لغة المندينكا Mandinka المنتشرة في غرب إفريقيا وخاصة غينيا، وتعني "بيت غنى" أو مكان الغنى نظراً لغنى المنطقة بمناجم الذهب والفضة. ولا بد هنا من الإشارة إلى أسماء بعض الجغرافيين والرحالة والمستكشفين العرب ومؤلفاتهم التي صنّفوها وأطلقوا فيها اسم (الأرض المجهولة) على القارة الجديدة وعيّنوا موقعها على الخرائط المرفقة بكتبهم، وهم:

اليعقوبي (815-897م) في كتابه (البلدان)، والمسعودي (890-957) في كتابه (مروج الذهب ومعادن الجوهر)، وابن حوقل (895-977) في كتابه (المسالك والممالك والمفاوز والمهالك)، والمقدسي (947-999) في كتابه (أحسن التقاسيم في معرفة الأقاليم)، والبكري (1110-1166) في (نزهة المشتاق في اختراق الآفاق) وياقوت الحموي (1179-1229) في (معجم البلدان)، والقزويني (1203-1283) في (عجائب المخلوقات وغرائب الموجودات)، والعمري (1304-1378) في (تحفة النظار في

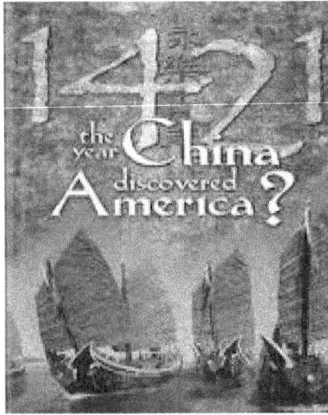

غرائب الأمصار وعجائب الأسفار)، وابن الوردي (1381-1457) في (جريدة العجائب وفريدة الغرائب)..

ويجد الباحث في هذه العيّنة من كتب الجغرافيين العرب الكثير من المعلومات الهامة حول القارة الجديدة (الأرض المجهولة) مثل الموقع والتضاريس (الجبال والسهول والأودية والأنهار والبحيرات) والغابات والحيوانات والأشجار المثمرة والسكان والقرى والمدن وما شابه بالإضافة إلى إشارات موثقة حول أسماء البحارة والتجار الذين سبق لهم أن وصلوا إلى الأرض المجهولة ونزلوا بها وأقاموا فيها من الصينيين والهنود والفينيقيين، والمصريين والعرب والمسلمين.

وبعد نشر مقال الأستاذ رفيق المعلوف في (العربي) بأقل من شهر استضاف برنامج (بلا حدود) في قناة (الجزيرة) نهار الأربعاء في 21 ديسمبر 2005 الدكتور فؤاد سيركان ـ مدير معهد العلوم العربية الإسلامية في جامعة فرانكفورت (ألمانيا)، وأجرى المقابلة مقدّم

البرنامج الأستاذ أحمد منصور. ودار الحوار حول التراث العربي الإسلامي في علوم الجغرافية والملاحة والبحار والاستكشاف البحري والخرائط. وعرض مقدّم البرنامج مشاهداته في المتحف الذي أعدّه د. سيركان في جامعة فرانكفورت، وعرض فيه 800 آلة استعملها العلماء العرب في علوم الفلك والملاحة والبصريات والجراحة مع نسخ لمئات المخطوطات والخرائط الجغرافية التي جاءت في الكتب العربية المذكورة أعلاه. وشدّد د. سيركان على أهمية دور الخرائط العربية والجغرافيين العرب في استكشاف القارة الجديدة أثناء المحاضرات التي ألقاها في جامعتي القاهرة والأزهر في مصر وسواها.

وحدث خلال شهر تموز 2005 أن احتفلت الصين حكومة وشعباً بذكرى مرور ستة قرون (1405 - 2005) على استكشاف أمير البحر الصيني المسلم تشنغهو Cheng-Ho (1371-1435) لشواطئ إفريقيا الشرقية والغربية وأميركا الجنوبية والشمالية بما في ذلك أوستراليا ونيوزيلاندا وسواها. وذلك بإعداد سبع رحلات بحرية استكشافية استطاع خلالها أن يزور معظم بقاع العالم ويرسم خارطة كاملة للكرة الأرضية. وقد سمحت وزارة الثقافة الصينية للمؤرخين والمترجمين الغربيين منذ عام 1995 بالاطلاع على الوثائق الصينية بهذا الخصوص. وأدى ذلك إلى ترجمة مئات المخطوطات الصينية إلى اللغات الإنكليزية والفرنسية والألمانية والروسية والإيطالية. وأذاعت وزارة الثقافة الصينية بتاريخ 17 كانون الثاني (يناير) 2006 خبر اكتشاف مجموعة من الباحثين في التراث الجغرافي

الصيني وجود خارطة صينية للكرة الأرضية مرسومة عام 1412 وتبدو فيها القارة الجديدة بكل تفاصيلها.

ويلاحظ الباحث في المراجع العربية التي استعرضنا بعضها سابقاً وجود تسميات عربية للبحار والبحيرات والجزر والأنهار والجبال والقبائل والقرى والمدن في الكثير من مناطق (الأرض المجهولة) وخاصة في المكسيك والبرازيل والأرجنتين وجزر كوبا والباهاما وجاميكا وبربادوس ومنتصرة وعروبة. وكل هذه الأسماء العربية معروفة للسكان الأصليين قبل وصول كولمبوس والإسبان إلى القارة الجديدة. وهناك قبائل هندية أميركية تحمل أسماء مكة والرواق والشروق والأريكة والقرية والحوبة والحكم والنزق إلخ.. كما توجد مدن وقرى تحمل أسماء مثل مكة ومدينة ومحمد ومنى وعرفة وعدن ومخا وحوريب وسقا ناقة وشوا ناقة ووسق إلخ.. وإذا نظرنا إلى أسماء البحر والجزر، نلاحظ أن جزءاً من المحيط الأطلسي تبلغ مساحته حوالي خمسة ملايين كيلومتر مربع، ويقع بين جزر الأنتيل غرباً وجزر أزورس Azore شرقاً، أطلق عليه البحارة العرب اسم بحر السرغس Sargasso ويشكّل هذا البحر مركزاً هادئاً في وسط تيار الخليج Gulf Stream. وقد اشتق الاسم من نبات السرغس الذي يطفو على سطح الماء. ونبات السرغس عبارة عن طحالب كبيرة سمراء اللون من فصيلة الفقوسيات تعيش في البحار الدافئة. وهناك مجموعة كبيرة من هذه النباتات انتزعتها أمواج البحر من المناطق الساحلية، وجرفتها إلى القسم الهادئ من الأطلسي حيث تعيش وتنمو وهي عائمة. وأما القسم الغربي من بحر السرغس، وهو المجاور لجزر الأنتيل فقد أطلق عليه البحارة العرب اسم البحر الكاريبي. وترجع هذه التسمية، حسب أقوال الجغرافيين العرب، إلى

أن ذلك البحر يقع غرب الأندلس والمغرب. فكلمة (غرب) العربية أصبحت (كرب) عندما تحولت الكلمة من لسان أهل المغرب العربي إلى لسان بحارة غينيا المعروف بالمندنكن Mandinkan خلال خمسة قرون من الاستعمال (800-1300م). وهناك مصادر عربية إسلامية تقول إن كلمة (كرب) Carib وكريبي Caribean جاءت من كلمة (كرب) العربية، التي تعني الكرب والألم والمحنة والأسى والحزن إلخ.. وكل هذه التعابير تفسّر حالة البحارة والتجار العرب والمسلمين عندما كانوا يصلون إلى موانئ كوبا وباهاما بعد أن يجتازوا المحيط الأطلسي من الشرق إلى الغرب. ولذلك أطلقوا على هذا الجزء من بحر السرغس بالقرب من كوبا اسم بحر الكرب Sea of Distress أو البحر الكاريبي. كما أن أسماء جزر البحر الكاريبي تحمل جذوراً عربية الأصل مثل كوبا Cuba أصلها من كلمة قبة وباهاما Bahama أصلها من كلمة بهمة Bahma التي تعني صخرة أو نبتة تشبه الشعير، وهايتي Haiti مصدرها كلمة هيت Hayt وتعني القسم الخفي من الأرض، وجاميكا Jamaica أصلها من كلمة جمك Jamac وجامكة Jamica أو جومك Jawmac وتعني مكان تجمع عمال السفن التجارية لاستلام أجورهم، وبربادوس Barbados تعني الأرض المروية بسهولة ومصدرها من فعل بربص Barbasa ويعني سقى الأرض..

3- توثيق المعلومات والمعارف التاريخية:

في مراجعة المسار التاريخي للمعلومة التي هي مدار البحث نلاحظ أنها تبدأ بالمستكشف البحري الإيطالي البريغو فيسبوتشي Alberigo Vespucci (1454-1512) وتنتهي بالمستشرق الفرنسي ريجيس

بلاشير Regis Blachere (1900-1973). وبين الأول والأخير لا بد من الالتقاء والوقوف مع الكاهن الألماني مارتن والدسيموللر Waldseemueller (1470-1518) والفلكي الجغرافي الرياضي البلجيكي جيراردوس مركاتور Mercator (1512-1594) والعالم الطبيعي المستكشف الألماني ألكسندر فون همبولدت Von Humboldt (1769-1859). وكان لا بد لي من البحث والتحقيق في سيرة كل واحد من هؤلاء الرجال الذين لعبوا دوراً هاماً في نقل تلك المعلومة التاريخية، وبالتالي إلقاء الضوء على بعض تفاصيل الأحداث التي ارتبطت بهذه المعلومة وأدت بالتالي إلى تطوير اسم (أميركم) والى إطلاق اسم (أميركا) على القارة الجديدة، وكيف ظهر الاسم لأول مرة على الخارطة إلى غير ذلك من النقاط. وفي عملية البحث والتحقيق كان لا بد لي من مراجعة حوالي مئة مصدر ومرجع علمي بهذا الخصوص:

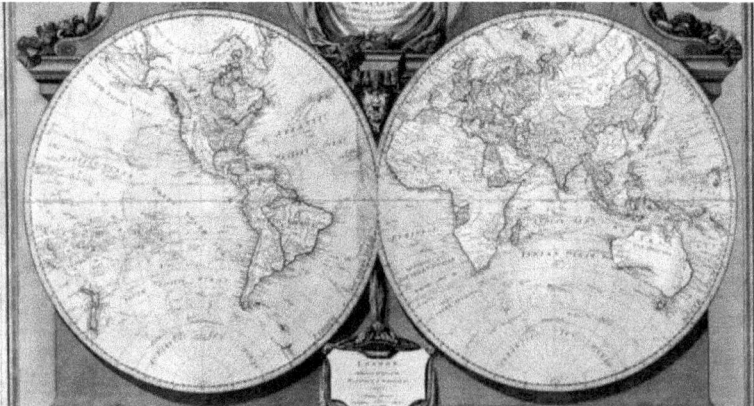

أ- كيف ومتى جاء لقب "أميركم"؟

ب- أين ومتى أطلق الاسم الجديد؟

ولد المستكشف البحري الإيطالي ألبريغو فيسبوتشي في فلورنسا عام 1454، وكانت عائلته معروفة بتشجيع ونشر طلب العلم والثقافة العالية بين أبنائها. وانتقل ألبريغو إلى إسبانيا (وهو في سن الثامنة والثلاثين) في عام 1492 حيث استقر في إشبيلية. وعمل كوكيل لإدارة المصالح التجارية لعائلة ميدتشي المعروفة بثرائها الكبير. وفي هذه المدينة الأندلسية اكتسب الرغبة والاهتمام بمواضيع الفلك والجغرافية والملاحة، مما أثار فيه حبّ الاستكشاف والمغامرات البحرية. وبذلك تحوّل نشاطه واهتمامه من الأعمال التجارية البحث إلى التطلّع نحو المشاركة في أعمال الاستكشاف البحري. وقادته رغبته إلى إقامة علاقات متينة مع أمراء البحر وأصحاب سفن الاستكشاف البحري الإسبانية. وفي عام 1499 التحق ألبريغو ببعثة استكشاف قوامها أربع سفن بقيادة القبطان ألونسو دي أوجيدا Alonso De Ojeda (أنس الأجدي) الإشبيلي وهو من أصل عربي ويتكلّم العربية ويعني اسمه (اللطيف النافع). وتولّت الحكومة الإسبانية تنظيم وتمويل هذه البعثة. وتقرر أن تبدأ الرحلة نهار 18 أيار (مايو) 1499 من ميناء قادس. وفي ذلك النهار صعد إلى سفينة القيادة القبطان ألونسو دي أوجيدا والى جانب الملاح المستكشف ألبريغو بلباسه المميّز. وكان معظم البحارة في سفينة القيادة من عرب الأندلس. فسأل البحارة القبطان بالعربية عن هوية رفيقه المستكشف بقولهم: من هذا؟ فكان جواب ألونسو بالعربية وبصوت عال: هذا أميركم! فصفقوا له.

وعندها سأل المستكشف ألبريغو مرافقه ألونسو عن معنى الكلام والتصفيق. فشرح له القبطان ما حدث. فأعجب ألبريغو باللقب

الجديد "أميركم - Americum" وتبنّاه وأخذ يردده، وصار البحارة ينادونه طوال الرحلة بلقب أميركو (Americu) حيناً وأميريغو (Amerigo) حيناً آخر.

واستمرت رحلة الاستكشاف الأولى من 18 أيار (مايو) 1499 حتى 21 حزيران (يونيو) 1500. وتمكّن ألبريغو من الوصول إلى مصبّ نهر الأمازون في البرازيل. وتابع رحلته جنوباً حتى وصل إلى رأس القديس أوغسطين (حوالي خط العرض الجغرافي 6 درجات جنوباً). وحاول ألبريغو في رحلته أن يجد ممراً بحرياً يصل بواسطته إلى الهند. ولكنه بعد مسيرة مئات الأميال جنوباً على محاذاة الشاطئ الشرقي للبرازيل والأرجنتين لم يجد ممراً للوصول مباشرة إلى الهند. ولكنه خلال مدة عشرين يوماً من الاستكشاف (من 17 آب إلى 5 أيلول 1499) لاحظ حالة اقتران القمر مع المريخ. وكانت معلوماته الفلكية وقدرته الحسابية والقياسية أكثر دقة وغزارة من كولمبوس، بحيث استطاع أن يحسب قيمة درجة خطوط الطول والعرض الجغرافية في المنطقة الاستوائية بدقة أكثر، وأن يحسب محيط الكرة الأرضية بخطأ 80 كيلومتراً فقط عن الرقم الصحيح.

وعندما عادت البعثة إلى إسبانيا في حزيران (يونيو) 1500، عاد المستكشف إلى إشبيلية وأعلن عن تخلّيه عن اسمه الأول ألبريغو واتخذ اسم أميريغو بديلاً. وأصبح منذ ذلك الحين يعرف رسمياً بذلك الاسم. والمعروف أن شهادة ميلاده في فلورنسا حملت اسم ألبريغو فيسبوتشي، بينما حملت شهادة وفاته في إشبيلية عام 1512 اسم أميريغو فيسبوتشي. وقام أميريغو برحلة استكشافية ثانية بتنظيم وتمويل من الحكومة البرتغالية. وتشكّلت البعثة من ثلاث سفن من نوع كرافيل (Caravel) وهي مراكب شراعية صغيرة الحجم

وسريعة الحركة. وأبحرت السفن من ميناء لشبونة في 13 أيار (مايو) 1501. وعادت إلى البرتغال في 22 أيلول (سبتمبر) 1502. ووصل أميريغو إلى شاطئ البرازيل وتابع جنوباً على محاذاة شاطئ الأرجنتين حتى وصل إلى المنطقة المعروفة باسم بتاغونيا Patagonia وهي أقصى جنوب القارة. وقطع بذلك مسافة 3850 كيلومتراً على امتداد شواطئ أميركا الجنوبية من الشمال إلى الجنوب. وفي هذه الرحلة تأكّد أميريغو أن ما شاهده وما وصل إليه من شواطئ وأنهار وجزر ليست آسيوية. بل إن ما شاهده واستكشفه يشكّل قارة جديدة. وهناك أخبار عن قيام فيسبوتشي برحلتين (ثالثة ورابعة) لاستكشاف شواطئ أميركا الجنوبية بين عامي 1503 و1505. وقضى أميريغو عدة سنوات من حياته في إشبيلية يجمع الكتب الجغرافية والفلكية وخرائط الملاحة البحرية حتى تمكّن من إنشاء مدرسة للملاحة. وفي بداية عام 1505 عيّن مستشاراً في "المجلس الأعلى للتجارة الخارجية". وفي عام 1508 صدر عن الملكة جوانا مرسوماً يقضي بتعيين فيسبوتشي برتبة "الربان الأكبر في إسبانيا" Chief Navigator of Spain. وبذلك أصبح مركزه الإداري هاماً وينطوي على مسؤوليات كبيرة، ومنها امتحان كفاءة الملاحين ومنح إجازات ورخص للسفن التجارية الصالحة للملاحة عبر البحار، وتحضير الخرائط الرسمية للمستعمرات والأراضي المكتشفة وراء البحار وتعيين طرق الملاحة البحرية التي تربط إسبانيا بممتلكاتها عبر البحار، بالإضافة إلى مراجعة وتدقيق التقارير التي يرفعها أمراء البحر إلى إدارة البحرية المركزية. والملاحظ أن عبارة "أميركم – Americum" قد تطورت بعد عام 1501 وتعددت صيغ استعمالها مثل Americom و Americus و

Americi و Amerigo و Americo ولعلَّ الصيغة الأخيرة هي التي شاعت وانتشرت بين الإسبان والطليان وأصبحت الاسم الأول للمستكشف فيسبوتشي. ولم يخطر ببال أميركو فيسبوتشي ولا ببال القبطان ألونسو دي أوجيدا ولا ببال أحد من الإسبان والطليان في ذلك الحين أن هذا الاسم سيطلق بعد عدة سنوات (أي عام 1507) على جنوب القارة الجديدة. وأنه سيصبح في العام 1538 اسماً للقارة بأكملها، وأن هذا الاسم سيصبح بعد ذلك صفة قومية لأكبر وأقوى دولة في العالم ـ الولايات المتحدة الأميركية (U.S.A). وهنا لا بد من التأكيد أن أميركو فيسبوتشي لم يكن له أي رأي أو مساهمة مباشرة بإطلاق اسم "أميركا" على القارة الجديدة. ففي الوقت الذي وصف بعض المؤرخين أميركو بأنه موسّع العالم The Amplifier of the World، نرى أن المؤرّخ رالف إمرسون Emerson يهاجم فيسبوتشي ويقلّل من أهمية عملية الاستكشاف ويدافع عن كولومبوس. في حين أن الكثيرين من المؤرّخين أثنوا على أعماله واعتبروه المكتشف الحقيقي للقارة الجديدة، لأن كولومبوس مات وهو يظن أنه وصل إلى آسيا، ولم يعرف أنه وصل إلى قارة جديدة، بينما فيسبوتشي عرف أنه وصل إلى قارة جديدة وليس إلى آسيا.

يعتبر **مارتن والدسيموللر (Waldseemuller)** أول من أطلق اسم أميركا على القارة الجديدة. فمن هو هذا الشخص؟

إنه ألماني الأصل ولد في قرية وادولفتزل عام 1470 على الحدود الفرنسية ـ الألمانية. ودرس اللاهوت في جامعة فريبورغ الالمانية ورسم كاهناً في قرية سانت دييه (St. Dié) الواقعة في جبال الفوج (Vosges) في شمال شرقي فرنسا. واستقر مستشاراً في بلاط

الدوق رينيه الثاني (René II) حاكم دوقية اللورين. وكان أمين سر الدوق المدعو غوتييه لود (Ludd) من المهتمين بنشر العلوم والفنون، فقام بتشكيل حلقة فكرية صغيرة من المتنورين المهتمين بالمواضيع الفكرية الفلسفية والعلمية. وعرفت الحلقة باسم "صالون فوسجة". وقام لود بتأسيس مطبعة في القرية عام 1500، حيث ساعدت على نشر أعمال أعضاء الحلقة. وكان اهتمام الحلقة الرئيسي يدور حول تبسيط المعارف العلمية ونشر أخبار المكتشفات الجغرافية وجعلها في متناول مدارك الجمهور. وكان والدسيموللر من أعضاء الحلقة الناشطين والبارزين، حيث كان بالإضافة إلى عمله الكهنوتي مهتماً بالكتابة والطباعة ورسم الخرائط ودراسة الجغرافية والفلك ونظم الشعر. وأبدى أعضاء الحلقة اهتماماً خاصاً بنشر كتاب "جغرافية بطليموس"، الذي كان يعتبر في ذلك الحين من أهم الكتب الجغرافية المتداولة في أوروبا في أواخر القرن الخامس عشر. ولكن أحد أعضاء الحلقة حصل في عام 1507 على نسخة مطبوعة من رسالة فرنسية تحت عنوان "الرحلات الأربع" التي جاء فيها خبر استكشاف أميريكو فيسبوتشي للقارة الجديدة. وعندئذ انصرف اهتمام صالون فوسجة إلى نشر كرّاس صغير يتألف من 103 صفحات تحت عنوان "مقدمة كونية - Cosmographiae Introductio". وتولّى وادسيموللر إعداد الكرّاس ونشره بعد أن قام بترجمة مذكرات فيسبوتشي. ونشر الكرّاس لأول مرة في شهر نيسان عام 1507 وتضمّن ملخصاً لمبادئ الكونيات التقليدية بما في ذلك التعاريف المناخية وأقاليم الأرض وأنواع الرياح والمسافات الفاصلة بين الأماكن الهامة في العالم القديم، بالإضافة إلى بعض المعلومات والمعارف الجديدة حول القسم الرابع من العالم الذي

كشفت عنه رحلات أميركو فيسبوتشي بما في ذلك بعض التفاصيل حول تلك الرحلات الاستكشافية إلى العالم الجديد. وكانت أقسام العالم الرئيسية هي أوروبا وأفريقيا وآسيا التي أصبحت كلها مكتشفة ومعروفة بأسمائها الشائعة. بينما القسم الرابع الجديد من العالم الذي اكتشفه أميركو فيسبوتشي كان لا يزال بلا تسمية. وفي هذه المرحلة لم يكن هناك بين أعضاء صالون فوسجة من يعترض أو يمانع في إطلاق إسم أميركو Americo أو America على العالم الجديد. ونشر والدسيموللر مع الكرّاس المذكور خارطة جديدة للعالم أطلق فيها لأول مرة اسم أميركا (America) على جنوب القارة الجديدة التي استكشفها فيسبوتشي. وأعيد طبع الكراس في شهر آب من نفس العام. وفي أوائل عام 1508 أعلن والدسيموللر لزملائه في صالون فوسجة أن ألف نسخة من الكراس والخارطة الجديدة قد نفذت، وهكذا انتشر اسم أميركا لأول مرة حول العالم كإسم قارة جديدة. وفي نفس العام نشر كتاب "أميركو فيسبوتشي والرحلات الأربع" وبعد ذلك نشر "خارطة الملاحة البحرية Carta Marina Novigatoria في عام 1516، التي أطلق فيها اسم أميركا على القارة الجديدة. وقد وجدت نسخة من هذه الخريطة في عام 1901 في مكتبة قلعة ورتمبرغ (ألمانيا). وصدر في ستراسبورغ في عام 1525 كتاب "الخريطة البحرية ـ جغرافية العالم" حيث شارك في وضعه مجموعة من الملاحين والجغرافيين الألمان والفرنسيين وظهر فيه اسم أميركا. ومنذ ذلك الحين شاع اسم America في اللغة الإنجليزية وAmerika في الألمانية وAmérique في الفرنسية وAmérica في الإسبانية وAmericae في الإيطالية. وتجدر الإشارة إلى أن رسالة كولومبوس تحت عنوان "الهنديات ـ Indies" قد

نشرت عدة مرات بعد الطبعة الأولى عام 1493، إلا أن القارئ الأوروبي قد أبدى اهتماماً كبيراً بكرّاس "القسم الرابع من العالم" الذي تضمّن استكشافات فيسبوتشي بما يفوق ثلاثة أضعاف اهتمامه برسالة كولومبوس.

وظهرت نظرية ضعيفة تزعم أن اسم America اشتق من اسم رجل الأعمال الإنجليزي ريتشارد أميريك (Amerike) من مدينة بريستول، وهو الذي قدم المساعدة المالية لتمويل رحلة الملاح المستكشف جون كابوت Cabot (1450-1498) من بريستول إلى جزيرة رأس بريتون (نوفاسكوشيا ـ كندا). حيث أبحر كابوت مع ثمانية عشر بحاراً على متن السفينة ماثيو من بريستول يوم 2 أيار (مايو) 1497 ونزل في يوم 24 حزيران (يونيو) 1497 على شاطئ نوفاسكوشيا. وأصبح كابوت بذلك أول أوروبي غربي ينزل على أرض شمال القارة الجديدة. كما ظهر تفسير لغوي لمصدر اسم أميركا وهو أيضاً ضعيف جداً، ويقول أن الكلمة مشتقة من دمج كلمة أميري (Ameri) العربية، التي تعني ما يختص بالأمير مثل الأرض الأميرية التابعة لملكية الدولة أو ما شابه وإضافة جذر GE اليونانية في آخر الكلمة فتصبح Amerige وتعني الأرض الأميرية أو أرض الإمارة أو وطن الأمير. علماً أن صيغة Emir و Amer شائعة في اللغات الأوروبية وتعني "أمير" بالعربية. وهذا التفسير أيضاً لا يحظى بأي تأييد علمي أو تاريخي. والثابت تاريخياً أن الكاهن مرتن والسيموللر قد أورد حادثة تسمية "أميركم" العربية في كرّاس "مقدمة كونية ـ 1507" وكتاب "أميركو فيسبوتشي

137

والرحلات الأربع - 1508" نقلاً عن الرسالة الفرنسية أولاً وعن مذكرات فيسبوتشي نفسه التي ترجمها مارتن.

ج- كيف ومتى استعملت الخرائط اسم أميركا؟

لعب الجغرافي والفلكي والرياضي البلجيكي جيرارد مركاتور Mercator (1512-1594) دوراً هاماً في تعميم اسم "أميركا" من خلال الخرائط التي رسمها للعالم، حيث برز كأشهر رسام للخرائط في عصره. فقد نشر في عام 1538 أول خريطة كبيرة للعالم حيث استخدم عبارتي أميركا الشمالية وأميركا الجنوبية لأول مرة في تسمية القارة الجديدة. وتوصّل مركاتور إلى استنباط طريقة الإسقاط السطحي (Plane-Projection) في رسم الخرائط، في العام 1568 والتي عرفت باسم "إسقاط مركاتور"، وهي تحويل الشكل الكروي إلى شكل مسطح. بحيث يجري إسقاط شكل ورسم الكرة الأرضية على سطحٍ مستوٍ، فتصبح خطوط الطول وخطوط العرض الجغرافي مستقيمة دون انحناء ومتساوية الأبعاد فيما بينها، وتتقاطع معاً في زوايا قائمة دون أن يظهر موقع القطبين الشمالي والجنوبي. وتعتبر خرائط مركاتور صحيحة في كل الوجوه بالنسبة للمناطق الاستوائية، ولكنها تنطوي على تشويهات كبيرة بالنسبة للمناطق القطبية الشمالية والجنوبية. ووضع مركاتور في عام 1569 كتاباً أسماه "جداول مركاتور الزمنية - Mercator's Chronology". وضمّ الكتاب مجموعة من الوقائع التاريخية الهامة حيث سرد تواريخ أهم الأحداث الفلكية والجغرافية والطبيعية حسب التسلسل الزمني منذ فجر التاريخ مروراً بعصور الأشوريين والفرس واليونان والرومان حتى عام 1568. ولم ينسَ الإشارة إلى رحلة

ألبريغو فيسبوتشي الاستكشافية عام 1499 وكيف تسمى باسم أميركو. وبعد ماركاتور أخذ رسامو الخرائط في فرنسا وألمانيا وإيطاليا وإنكلترا يطلقون اسم "أميركا" على كل أقسام القارة الجديدة (الشمالية والوسطى والجنوبية).

4- أميركو فيسبوتشي في سجل الخالدين!

قام العالم الطبيعي والمستكشف العلمي الألماني البارون ألكسندر فون همبولد Von Humboldt (1769-1859) بدراسة شاملة وموثقة لموضوع تسمية القارة الجديدة. وهمبولد من عائلة عريقة مشهورة بالمنجزات العلمية وطلب العلم والمعرفة واكتشاف المجهول. ولد في برلين وتوفي فيها. درس الاقتصاد في جامعة فرانكفورت، وقضى عاماً دراسياً في جامعة غوتنغن، ثم التحق بالمعهد العالي لدراسة المناجم في فرايبرغ. وترك المعهد في عام 1792 ليتولى إدارة المناجم في دائرة التعدين في دولة بروسيا، حيث اكتسب خبرة عملية في مواضيع الجيولوجيا والجغرافية الطبيعية والطبوغرافية. وقام بعد ذلك بعدد من الرحلات العلمية الاستكشافية حول العالم. وكانت أول رحلة قام بها عام 1799 إلى بلدان أميركة الوسطى والجنوبية، ودامت خمس سنوات حتى عام 1804، وذلك بعد أن حصل على رخصة رسمية من رئيس وزراء اسبانيا لزيارة المستعمرات الاسبانية. ورافقه في رحلته الأولى عالم النبات الفرنسي إيميه بونبلاند (Bonpland). ولم تقتصر أرصاده واستكشافاته على بلد معيّن بل شملت كل بلدان أميركا الوسطى والجنوبية بما في ذلك المكسيك. وجاء في مذكراته أنه قطع أثناء رحلاته في بلدان تلك القارة مسافة 9650 كيلومتراً مشياً على الأقدام، وتسلّق عشرات الجبال العالية مثل جبل شيمبورازو (Chimborazo) في الإكوادور

البالغ علوه 6265 متراً، وقطع مسافات طويلة في نهري الأمازون وأورينوكو على ظهر القوارب الخفيفة التي تقاد بالمجاذيف. وزار أثناء عودته إلى فرنسا مدينة نيويورك حيث استقبله الرئيس الأميركي جيفرسون بالترحيب والتقدير. وقام همبولد برحلة إلى آسيا بناء على طلب وتشجيع من السلطات الروسية استمرت من عام 1727 حتى 1729، حيث تسلّق جبال الأورال واستكشف مناطق مجهولة في سيبيريا ووصل إلى جبال ألتاي (Altai) القريبة من حدود الصين. وعاد إلى برلين من رحلته الآسيوية وهو يحمل معلومات هامة في علوم طبقات الأرض والحيوان والنبات. وتكريماً لجهوده وأعماله أطلق اسمه على بعض تيارات المحيط الهادئ التي تمر بمحاذاة شواطئ التشيلي والبيرو، وعلى بعض الجلاميد (الأنهار الجليدية – Glacier) في سيبيريا والمنطقة القطبية الشمالية. وشملت أرصاده وملاحظاته مواضيع هندسة السطوح المحدّبة (الجيوديسيا Geodesy) أي دراسة شكل الكرة الأرضية وقياس سطحها، والمناخ (قياس حرارة الجو والتربة والماء والضغط الجوي) والمغنطيسية الأرضية والبراكين. وشملت معارفه العلمية علوم النبات والأحياء والتشريح والمعدنيات والفيزياء والكيمياء.

وكان على اتصال دائم وعلاقة متينة مع كبار علماء عصره أمثال الفيزيائي الفرنسي جوزيف غي – لوزاك الذي عمل معه في دراسة جزئيات الغاز وتطوير المعارف العلمية حول بناء المادة والجزئيات والذرات، وعالم الرياضيات الألماني كارل فريدرتش غووس والكيميائي الألماني جوستوس فون ليبيغ وعالم الحيوان السويسري لويس أغاسيس وسواهم. ونال همبولد شهرة عالمية بفضل أعماله العلمية ورحلاته الاستكشافية وملاحظاته الدقيقة.

وكان أبرز وأشهر شخصية علمية في زمانه، وهو مؤسس علم المناخيات (Climatology) وصاحب مبدأ خطوط التحارر (Isothermic) التي ترسم على الخرائط المناخية (أي الخط الذي يربط الأمكنة التي تكون فيها درجة الحرارة متساوية في وقت معين، أو يكون فيها متوسط الحرارة واحداً طوال فترة زمنية معينة). وقد أعجب بأعماله واكتشافاته كل معاصريه من الشخصيات المعروفة والمرموقة في الحياة العلمية والأدبية والفكرية. وقد وصفه الشاعر الألماني الكبير غوته بقوله: "ألكسندر فون همبولد ليس له نظير في سعة علومه ومعلوماته. فهو على اطلاع واسع على كل ما يطرح للنقاش في المواضيع العلمية، إذ تسيل على لسانه جواهر الحكمة والمعرفة وتتدفق مثل نافورة متعددة المخارج والمنافذ. وما عليك إلا أن تضع ابريقاً تحتها ليمتلئ بسرعة من التدفق المستمر".

ترك همبولد مؤلفات كثيرة متنوعة، منها الكتب العلمية الجغرافية التي وضعها عن كوبا والمكسيك وكانت الأولى من نوعها في العالم، وبقيت لمدة طويلة مرجعاً أكاديمياً هاماً حول هذين البلدين. وتشمل لائحة مؤلفاته ما يلي:

1ـ النباتات الاستوائية – برلين 1805. 2ـ مشاهد طبيعية وتعليقات علمية – برلين 1808. 3ـ جغرافية النبات وصور الطبيعة في المدارات الاستوائية – برلين 1811. 4ـ كتاب الكون (موجز لوصف العالم الطبيعي) – 5 أجزاء – برلين 1859. 5ـ تاريخ الجغرافية – 5 أجزاء – برلين 1862. وفي هذا الكتاب الأخير استعرض همبولد بدقة الكثير من المعلومات حول تسمية فيسبوتشي باسم أميركو، ثم تسمية القارة الجديدة باسم أميركا، وأثنى على القبطان العربي الإسباني الذي أطلق اسم أميركم على فيسبوتشي،

فوضع اسم القبطان (Alonso de Ojeda) أي (اللطيف الأنفع) واسم الملاح المستكشف أميركو فيسبوتشي في لائحة الخالدين في تاريخ الجغرافية العالمية.

5- إحياء وبعث وقائع التاريخ

وأخيراً لا بد من الاعتراف بفضل المستشرق الفرنسي ريجيس بلاشير Régis Blachère (1900-1973) الذي بعث في أواسط القرن الماضي وقائع التاريخ من جديد ببحثه وتنقيبه التاريخي بعد أن كاد العالم ينسى تفاصيل الوقائع التاريخية حول تسمية القارة الجديدة باسم (أميركا). وبلاشير من أشهر مستشرقي فرنسا في القرن العشرين. ولد في مونروج (من ضواحي باريس). وتعلّم العربية في الدار البيضاء في المغرب، وتخرّج من كلية الآداب – جامعة الجزائر (1922) وعيّن أستاذاً في معهد الدراسات المغربية العليا في الرباط (1924-1935). وزار في عام 1933 مدينة تمبكتو، عاصمة مالي، ودرس المخطوطات العربية في مكتباتها القديمة. وانتقل إلى باريس ليصبح محاضراً في جامعة السوربون (1938)، ثم أصبح مديراً لمعهد الدراسات العربية العليا في باريس (1942). وأشرف على إصدار مجلة (المعرفة) الباريسية بالعربية والفرنسية. وألّف بالفرنسية عدة كتب ترجم بعضها إلى العربية. ونجح في فرض تدريسها في بعض المعاهد الفرنسية. كان بلاشير عضواً ناشطاً في المجمع العلمي العربي بدمشق، وفي المجمع العلمي لتاريخ العلوم وفي اللجنة المنبثقة عن المجمع الخاصة بإعداد ونشر المصنفات العربية في العلوم الطبية والفلكية والرياضية والكيميائية، وداوم على حضور اجتماعات المجمع المذكور السنوية التي كانت

تعقد في بعض المدن الأوروبية مثل باريس وروما ولشبونة ومدريد وبرلين في الثلاثينات من القرن الماضي.

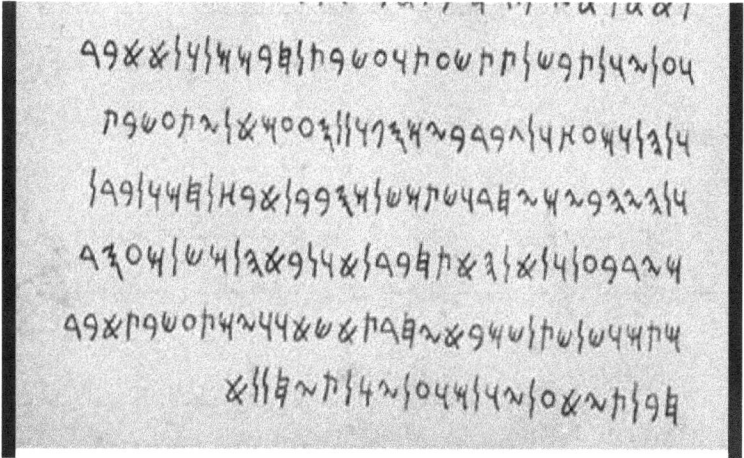

بلاشير في مجلة أركيون Archeion ما نشره الأب لويس شيخو من نصوص كتاب (طبقات الأمم) للقاضي صاعد القرطبي (1030-1070) والكتاب المذكور عبارة عن نوع من التلخيص للتاريخ العام للعلم يتناول جميع الشعوب القديمة. ومن مؤلفات بلاشير نذكر:
1- ترجمة معاني القرآن الكريم إلى اللغة الفرنسية – ثلاثة أجزاء.
2- تاريخ الأدب العربي. 3- قواعد العربية الفصحى. 4- أبو الطيب المتنبي. 5- معجم عربي فرنسي إنكليزي. وكلها نشرت بالفرنسية في باريس.

وأثار بلاشير سؤالاً هاماً أثناء بحثه حول تسمية القارة الجديدة، وهو: لنفرض أن ألبيرغو فيسبوتشي لم يغيّر اسمه إلى أميركو فيسبوتشي، فما هو الاسم الذي كان بإمكان والدسيمولّلر أن يطلقه على القارة الجديدة (هل هو Alberica أم Alberta أو Alberico أم

Alberto أو Albera أم Albero). والحقيقة أنه من الصعب جداً لأحد أن يخمّن أو يتنبّأ بمثل هذه التسميات.

وأخيراً لا بد من الإعجاب بموضوعية والتنويه بمصداقية بعض المراجع التاريخية التي طالعتها أثناء إعداد هذه المداخلة مثل:
1- قارات أميركا: الاكتشاف والمعمودية ـ بقلم جون ثاتشر ـ لندن 1896.
2- أميركو والعالم الجديد بقلم جرمان أرسينيغاز ـ نيويورك 1955.
3- أميركو فيسبوتشي ـ القبطان الأول بقلم فردريك يوهل ـ نيويورك 1966.
4- أكتشاف أميركا الجنوبية والرحلات الأندلسية ـ بقلم لويس اندريه فينيراس ـ لندن 1976.
5- المكتشفون ـ بقلم دانيال بورستن ـ نيويورك 1983.
وقد استعرض المصدر الرابع بعض منجزات أمراء البحر الأندلسيين في الاستكشافات البحرية وراء المحيط الأطلسي في البحر الكاريبي وفي شمال المحيط الأطلسي بالقرب من أيسلندا وغرينلاند.

وفي الختام لا بد من توجيه الشكر إلى الكاتب الشاعر والصحفي اللبناني رفيق المعلوف الذي سجل حديثه القيّم مع المستشرق بلاشير في عام 1955 ونشره في عام 2005، وكان ذلك الحديث السبب المباشر الذي دعاني لكتابة ونشر هذه المداخلة.

❖

هايـنـكـه زودهـوف

معذرة كولومبوس

لَستَ أَول من اكتشف أمريكا

تعريب الدكتور حسين عمران

الملحق الثاني

التراث الصوري الحضاري

محاضرة حول التراث الصوري الحضاري الثقافي، وما حمله من المنجزات الرائدة في العلم والفلسفة والفن، ألقيت في صور **(4 آذار/ مارس 2010)** برعاية رئيس البلدية والمجلس البلدي.

أضواء على منجزات التراث الصوري الحضاري:

مقدمة

لا شك بأن مدينة صور، كمركز ثقافي حضاري تاريخي قديم، تحتل مكانة فريدة في تاريخ شرق حوض البحر المتوسط خاصة وفي العالم القديم عامة. وقد تميّزت عن سائر المدن المتوسطية القديمة بتاريخها الثقافي والحضاري والسياسي الطويل، إذ كانت الأحداث التاريخية التي جرت فيها غنية بوقائعها وتنوع مفرداتها. وقد ساهمت صور مساهمة فعالة في عدد من المنجزات والمآثر الكبرى إلى درجة الريادة، سواء كان ذلك في اختراع ونشر الأبجدية الأولى أو في وضع نظام الترقيم الحسابي أو في تأسيس أول شبكة لطرق التجارة العالمية البرية والبحرية، يضاف إلى ذلك عمليات بناء السفن على اختلاف أنواعها التجارية والحربية، واحتكار عمليات

استخراج وصهر المعادن واستخدامها الصناعي لمدة تزيد على الألف سنة (منذ منتصف الألف الثاني حتى منتصف الألف الأول قبل الميلاد).

وإن أهمية صور التاريخية لا تقتصر على المنجزات والمآثر المذكورة فحسب، بل على موقعها الاستراتيجي المهم بين القارات القديمة الثلاث، أوروبا وآسيا وأفريقيا. حيث إنها تقع في وسط الشاطئ الشرقي للبحر المتوسط، وتقوم كجسر إيجابي لنقل التأثيرات الثقافية من مراكز الحضارة المجاورة لها، ولنقل البضائع والسلع بين مراكز ومحطات التجارة العالمية في القارات المذكورة.

وقد أجمع المؤرخون على أهمية الدور المميز الذي لعبته صور في سائر مراحل التاريخ. فهي بوابة الشرق ونقطة الاحتكاك الأولى بين الشرق والغرب، وهي تمثل فجر التاريخ الإنساني المتواصل بلا انقطاع منذ الألف الرابع قبل الميلاد، وهي الأمثولة النبيلة للتواصل الحضاري في أرقى أشكاله الإنسانية. وكانت صور، أكثر من أي مكان آخر في العالم، تمثل الموطن والملتقى والمنتدى للعديد من

الحضارات والثقافات، حيث قام التواصل والتبادل والتفاهم والتفاعل بينها جميعاً. وكانت المحصلة إغناء وإثراء المخزون الفكري والمعرفي بأبعاده الإنسانية. وهكذا أسهمت صور إيجابياً في مختلف معالم ومفردات التراث حيث ترى فيها أقدم المعابد المعروفة تاريخياً وأقدم المنحوتات الحجرية والفخارية والعاجية والعظمية والبرونزية وتماثيل الآلهة وأرباب الميثولوجية، التي جسّدتها الفنون المختلفة إبداعات رائعة على شكل جداريات وفسيفساء وزجاجيات وحلى ورسوم ونقوش وألحان وما شابه.

1- مفاهيم الحضارة والثقافة

في اللغة العربية تمييز واضح بين الحضارة، والثقافة، والمدنية والعمران. وتستعمل في بعض اللغات الأوروبية كالإسبانية كلمة Cultura للمعاني الثلاثة معاً. وقد فرّقت الإنكليزية والفرنسية والإيطالية والألمانية والروسية بين الحضارة (Civilisation) والثقافة (Culture). وفي العربية، اشتقت كلمة (حضارة) بمعنى التمدّن والإقامة في الحضر من فعل حضّر أي أقام بالحضر. والحضر تعني القرى والمدن والمنازل المسكونة المستقرة. فهي خلاف البدو والبداوة والبادية. والحضري خلاف البدوي. واشتقت كلمة (حاضرة) جمع حواضر، أي المدينة الكبيرة، من نفس الفعل حضّر. وأما التمدّن أي التخلق بأخلاق أهل المدن أو الانتقال من حالة التخلف إلى حالة التقدّم أو صيرورة الأمة متمدنة، فهي مشتقة من فعل مَدَنَ أي أقام وجاء وبنى. فيقال مَدَن بالمكان أي أقام فيه، ومَدَن المدينة أي أتاها وسكن فيها، ومَدَنَ المدائن أي بناها. واشتقت كلمة (مدينة) جمع مدن ومدائن من نفس الفعل مَدَنَ. ويوجد كذلك

في اللغات الأوروبية بعض التمييز بين الحضارة والمدنية والعمران. فالحضارة بالفرنسية والإنكليزية والألمانية والإيطالية لها مدلولها العلمي والفكري الخاص. وأما المدنية فقد ترتبط بالعمران المنسوب إلى المدينة (Urban) أو إلى التمدّن والتحضّر أي طريقة الحياة المميزة لأهل المدن (Urbanism). وأما كلمة (ثقافة) العربية بمعنى التمكن من العلوم والفنون والآداب فهي مشتقة من فعل ثقف أي قوّم وسوّى وعلَّم.

وبعد معالجة المفاهيم العامة للحضارة والثقافة كما جاءت في بحوث عشرات الأعلام في علوم الاجتماع والإنسان (الأنثروبولوجيا) والآثار (الأركيولوجيا) وجغرافية السلالات البشرية (الإثنوغرافيا) والأعراق البشرية (الإثنولوجيا) واللسانيات وما شابه، كان لا بد من التمييز بين الحضارة والثقافة واستخلاص التعريف المنطقي العلمي المناسب لكل ظاهرة من هذه الظواهر. وتبيّن أن الحضارة هي مجموعة الحلول الفكرية والعملية التي يقدمها مجتمع إنساني لمعالجة مشاكله الخاصة من خلال تاريخه الطويل، والتي تستمر متنقلة من جيل إلى جيل، حيث يمارسها الفرد والجماعة لتصبح تراثه وتراثهم الاجتماعي ويشترك جميع أفراد المجتمع بالمحافظة، عن وعي أو دون وعي، على ذلك التراث.

ومن المظاهر الحضارية، نذكر العمران وبناء البيوت والقصور والحصون والقلاع والأسوار وصنع الأدوات المنزلية وابتكار وسائل النقل ومد الطرقات وبناء الجسور والملاحة وبناء السفن والتعدين والزراعة وتطوير العلوم التطبيقية ووضع القوانين والتشريعات المدنية وتنظيم أساليب التجارة ووسائل الإنتاج الصناعي والزراعي وتنظيم الأسواق والمتاجر والمعارض التجارية

والصناعية وتوثيق المعاملات والعقود وتنظيم المدن (الشوارع والإنارة والوسائل الصحية والأمنية) وبناء الأقنية لجرّ مياه الشرب والريّ وما شابه.

وأما الثقافة فهي مجمل العلوم والفلسفات والمعتقدات الدينية والآداب والفنون التي تتناول الحياة الإنسانية وما له علاقة بها وما ينتج عنها من مستويات عقلية واتجاهات فكرية وممارسات سلوكية ومناقبية للقيم الاجتماعية وإدراك ووعي عميق للشؤون النفسية والمادية. والثقافة على العموم، هي محصلة المعرفة والخبرة الإنسانية المجتمعية، وتنطوي على عملية التسامي والارتقاء التي تؤدي إلى الانتقال والتحول من مستوى حضاري معيّن إلى مستوى أرفع وأسمى. ومن المظاهر الثقافية في متحد أو مجتمع ما، نذكر الأدب والفن (النحت والرسم والنقش والموسيقى والغناء والرقص) والطقوس والاحتفالات الدينية وعادات الزواج ودفن الموتى ونشر الكتب وإنشاء المكتبات والمدارس والمعابد وإقامة المعارض الأدبية والفنية وما شابه.

2- التراث الصوري الحضاري - الثقافي

نستعرض فيما يلي لائحة مفردات التفاعل الحضاري - الثقافي ويتبعها ملخص للمآثر الصورية في العصور القديمة (قبل الإسلام) وآخر للمنجزات الصورية في القرون الوسطى العربية:

أ- التفاعل الحضاري الثقافي الصوري (2800 ق.م. - 1600 م.)

في اللائحة التالية نستعرض العوامل والمؤثرات السياسية والاجتماعية والثقافية التي تعرّضت لها مدينة صور في تاريخها

الطويل خلال 4400 سنة مع مدى الأزمنة التي استغرقتها عمليات التفاعل والتواصل والتبادل الحضاري الثقافي.

العامل والمؤثر الثقافي	مدة التفاعل (سنة)	المرحلة التاريخية
1- عصر الاستيطان الكنعاني	1000	2000-3000 ق. م.
2- عصر النفوذ الكنعاني	1800	1200-3000 ق. م.
3- عصر النفوذ المصري	800	1200-2000 ق. م.
4- عصر الاستيطان الآرامي	300	1200-1500 ق. م.
5- عصر النفوذ الحثي	632	868-1500 ق. م.
6- عصر الحديد الفينيقي	650	550-1200 ق. م.
7- عصر النفوذ الآشوري	242	626-868 ق. م.
8- عصر النفوذ البابلي	88	538-626 ق. م.
9- عصر النفوذ الفارسي	206	332-538 ق. م.
10- عصر النفوذ اليوناني	20	312-332 ق. م.
11- عصر النفوذ السلوقي	248	64-312 ق. م.
12- عصر النفوذ الروماني	459	64 ق.م. – 395 م.
13- عصر النفوذ البيزنطي	219	614-395 م.
14- عصر النفوذ الفارسي	9	623-614 م.
15- عصر النفوذ البيزنطي	17	640-623 م.
16- عصر الخلافة الرشيدة	21	661-640 م.
17- عصر الخلافة الأموية	89	750-661 م.
18- عصر الخلافة العباسية	264	1014-750 م.
19- عصر الخلافة الفاطمية	96	1110-1014 م.
20- عصر النفوذ الصليبي	181	1291-1110 م.
21- عصر النفوذ المملوكي	225	1516-1291 م.
22- عصر النفوذ العثماني	402	1918-1516 م.

ب- صور في العصور القديمة (2800 ق. م. - 640 م.)

بدأ استيطان الشعب الكنعاني على الساحل الشرقي للبحر المتوسط منذ أوائل الألف الثالث قبل الميلاد. وهناك اعتقاد سائد بين المؤرخين هو أن صور كانت موجودة كمدينة قوية في منتصف الألف الثالث ق.م. والمعروف أن كلمة "صور" SÔR كنعانية الأصل وتعني "الصخرة" أو "المدينة القوية". وكانت من أهم وأوسع الموانئ في شرق حوض البحر المتوسط، إذ كانت مجهزة بوجود مرفأين لرسو السفن. مرفأ في الشمال ويطلق عليه اسم المرفأ الصيدوني وآخر في الجنوب الغربي، ويطلق عليه اسم المرفأ المصري. وأخذ الصوريون ينتشرون في مناطق غربي البحر المتوسط، حيث أدركوا مدى أهمية الممكنات البحرية المتوفرة لديهم، مما ساعدهم على إنشاء أول امبراطورية بحرية في التاريخ. وأصبح البحر المتوسط بحيرة فينيقية صورية. وكان نقل صور البرية إلى الصخر البحري الواقع على مرمى مقلاع من الشاطئ عملاً عظيماً جعل الإمبراطورية الصخرية في مأمن من غزوات جيوش بابل وأشور ومصر. والمعروف أن امبراطورية صور كانت دوما قائمة على التجارة وحرية تبادل السلع، وليس على الفتح والتسلط، وكانت المدينة دائماً تتمسك باستقلالها وتعتمد على حماية البحر لها ضد القوى المعادية.

والملاحظ أن هذه المدينة قد أنجبت خلال تاريخها الطويل الكثير من أهل العلم والصناعة والملاحة والاستكشاف والفلسفة والأدب والفكر، الذين كان لهم الفضل الكبير في زيادة وإنجاز العديد من

المآثر الثقافية والحضارية في تاريخ الإنسانية. ومن أهم تلك المنجزات نذكر ما يلي:

1- اختراع الأبجدية:

كان الفينيقيون أول من ابتكر واستعمل نظاماً أبجدياً راقياً في الكتابة ابتداءً من أوائل الألف الثاني قبل الميلاد. وكان للبحارة والتجار الصوريين الفضل الكبير في نشر الكتابة الأبجدية الفينيقية في حوض البحر المتوسط أولاً، ثم في سائر بقاع المعمورة التي وصلت إليها سفنهم. ونقل اليونان الأبجدية الفينيقية بعد أن أدخلوا عليها بعض التحسينات في نهاية القرن الثامن قبل الميلاد. ومنهم انتقلت إلى الرومان، ومنها تولّدت معظم الأبجديات الأوروبية. كما أن الآراميين استعاروا أبجديتهم من الفينيقيين ونقلوها إلى العرب والفرس والهنود والأرمن وسائر الشعوب الشرقية التي تكتب بالأبجدية. ونقل البحارة والتجار الصوريون الأبجدية الفينيقية إلى شواطئ القارة المجهولة (أميركا). وقد اكتشفت النقوش والكتابات الفينيقية في عدد من المواقع الأثرية الأميركية.

كما أن أثر الأبجدية الفينيقية يبدو واضحاً في العديد من أبجديات قبائل الهنود الحمر في سائر المناطق الأميركية. ومن صفات الأبجدية الفينيقية المؤلفة من اثنين وعشرين حرفاً، كانت بساطتها مما جعل فن الكتابة والقراءة في متناول الإنسان العادي. ولا شك أن اختراع النظام الأبجدي الفينيقي ونشره يعتبر أعظم نعمة أنعمت بها الحضارة الكنعانية الفينيقية على البشرية. ويقول المؤرخ د. فيليب حتي في كتابه "تاريخ العرب":

"كان الفينيقيون أول من نشر في العالم نظاماً خاصاً للكتابة بالحروف الهجائية المجرّدة.. وكانت هذه الحروف أساساً لكل

الحروف الهجائية التي يكتب بها اليوم أبناء آسية وأوروبا وأفريقية وأميركة، بحيث صحّ قول القائل إن هذا أعظم اختراع اخترعه البشر على الإطلاق".

2- الترقيم الحسابي:

ساهمت صور بوضع ونشر نظام الترقيم الفينيقي في بلدان العالم القديم والجديد. وقد عرف هذا النظام باسم نظام الترقيم العشريني (Vigesimal)، أي مجموع أصابع اليدين للرجل والمرأة. وهو عبارة عن طريقة فذة ورائدة للترقيم والحساب استخدمها التجار في صور وسائر المدن الفينيقية وتعلمها منهم تجار المستعمرات الفينيقية. ثم انتشرت هذه الطريقة عن طريق قرطاجة في مدن شمال أفريقية وجنوب إسبانيا. ثم نقلها البحارة والتجار الفينيقيون إلى المراكز التجارية التي أقاموها في العالم الجديد، حيث استخدمت في المعابد والمتاجر والمعاملات التجارية وبين كهنة وتجار شعب المايا في المكسيك وشعب الهوهوكام (Hohokam) في نيفادا وكولورادو ونيو مكسيكو ويوتا وأريزونا وشرق كاليفورنيا.

ويقوم هذا النظام على أساس استخدام أربعة رموز كما يلي:

أ- (في الكتابة): 1- النقطة (وتدل على الواحد). 2- الخط القصير (يدل على الخمسة إذا رسم أفقياً وعلى العشرة إذا رسم عامودياً). 3- الخط العامودي محاطاً بدائرة (يدل على المئة). 4- رمز الصدفة البحرية (يدل على الصفر).

ب- (في المعاملات): 1- الحصاة الصغيرة (حجم حبة الحمص أو الفول) السوداء اللون (للدلالة على الواحد). 2- العود الخشبي الدقيق (الذي يتراوح طوله بين 5 و10 سم (للدلالة على الخمسة إذا وضع أفقياً وعلى العشرة إذا وضع عامودياً). 3- العود الخشبي في وضع عامودي ويحاط بدائرة من الأصداف (للدلالة على المئة). 4- الصدفة البحرية الصغيرة (للدلالة على الصفر).

وقد استطاع التجار والكهنة التعبير عن أي عدد مهما كان كبيراً باستخدام هذه الرموز البسيطة، بحيث كان كل رمز يكتسب قيمة معينة من موقعه أو وضعه ضمن الرقم ومكانه في عامود العدد. ذلك أن العدد الكبير كان يكتب عامودياً من الأسفل إلى الأعلى. وكان التاجر الصوري الفينيقي يحمل معه أينما رحل وانتقل في كيس صغير مجموعة من هذه الأدوات الحسابية مثل الحصى العيدان والأصداف بالإضافة إلى لوح خشبي صغير مصقول وبعض الرماد للقيام بعملياته الحسابية. تماماً كما يفعل رجل الأعمال المعاصر بحمله الكمبيوتر اليدوي النقال في محفظة يده. وهنا لا بدّ من الإشارة إلى أن العقل الصوري الفينيقي قد توصّل إلى مفهوم الصفر وأهميته واستخدامه قبل الهنود والعرب بأكثر من ألف سنة.

3- العلوم والعلماء:

سجّل الصوريون في التاريخ العلمي ريادة لا مثيل لها في علوم الحساب والهندسة والجبر والمثلثات، إذ كانت الأميرة ديدون الصورية أول عالمة رياضيات في التاريخ، حيث كانت في عام 814 ق.م. رائدة في معرفة المقاييس الطولية والمساحات (Planimetry) وقياس محيطات الأشكال الهندسية المستوية (Perimetry). وكان عالم الرياضيات الكبير إقليدس من مواليد صور (306-283 ق.م)، وانتقل إلى الإسكندرية في عهد الملك بطليموس الأول، وألّف ثلاثة عشر كتاباً في الرياضيات. وتقول الموسوعة البريطانية عن مؤلفات إقليدس: "ليس في العالم نصوص علمية غير هذه النصوص بقيت في حيّز الاستعمال أكثر من ألفي سنة دون تعديل. وأن المؤلفات التي ستحل محل مؤلفات إقليدس لم توضع بعد، وأغلب الظن أنها لن تكتب".

وكان بحارة صور أول من اتقنوا الاستشراق وتعيين الاتجاهات باستخدام مواقع النجوم وأوقات شروقها وغروبها، وكان لهم الفضل في اكتشاف فائدة النجم القطبي (Polaris) في هداية البحارة والسفن ليلاً، وقد أطلق اليونان على النجم القطبي اسم (فينيقيا) اعترافاً بفضل الفينيقيين في هذا الصدد. واتخذت مدينة صور تقويماً خاصاً عرف بها باسم التقويم الصوري، حيث استخدمه التجار والبحارة والكهنة لمدة 150 سنة، وذلك ابتداء من العام 125 ق. م. حتى عام 25 م. وكانت السنة الصورية تبدأ في 19 تشرين أول (أكتوبر). وكان التقويم الصوري شمسي- قمري وتجري عليه عملية التصحيح بإضافة شهر قمري كل 32 شهر. واستخدمت أسماء الأشهر اليونانية في ذلك التقويم. ونقل الصوريون إلى اليونان تقسيم الزمن

باستخدام قضبان الظل والساعات الشمسية لقياس مرور ساعات النهار، كما وضعوا نظاماً للتنبؤ بأوقات الخسوف والكسو ورسموا أول مخطط فلكي للقبة السماوية في القرن الثاني عشر قبل الميلاد.

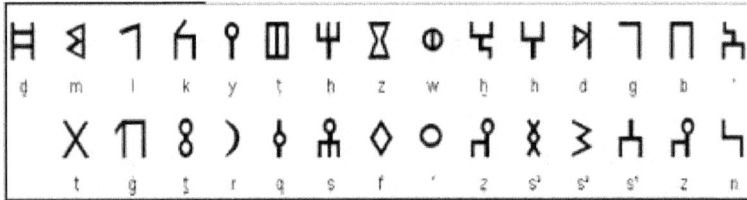

وكان لصور مساهمة كبيرة في الجغرافية، إذ كان مارينوس (Marinus) الصوري، الذي اشتهر في منتصف القرن الثاني للميلاد، أول من وضع المصورات الجغرافية على أسس رياضية، بحيث ضبط خطوط الطول والعرض الأرضية واستعملها في رسم الخرائط بدلاً من تلك التي كانت مبنية على أخبار رحلات المسافرين

فقط. وفي عمله هذا أزال الشكوك التي كانت سائدة حول المواقع الجغرافية. وبذلك أصبح مارينوس مؤسساً للجغرافية العلمية. وقد استشهد الجغرافي الكبير بطليموس بأقوال وآراء مارينوس واعترف بفضله وباعتماده عليه في كتابة مؤلفه الجغرافي المشهور. ويعتقد المؤرخون أن بحارة صور قد وصلوا في القرن الخامس قبل الميلاد إلى بحر السرجاسو الواقع في المحيط الأطلسي بين خطي عرض 20 و35 درجة شمالاً وبين خطي طول 40 و70 درجة غرباً، حيث تقع جزيرة برمودا بالقرب من طرفه الغربي، وجزر الآزورو في الزاوية الشمالية الشرقية منه. وتؤكد النقوش الفينيقية المكتشفة، في عدد من المواقع الأثرية في أميركا الشمالية والوسطى والجنوبية، أن البحارة والتجار الصوريون قد وصلوا إلى القارة الجديدة ونزلوا فيها منذ أكثر من 2500 سنة.

وتحمل أخبار المؤرخين القدامى أمثال سنكونياتون وهوميروس (القرن 9 ق. م.) وهيرودوس (484-425 ق. م.) وسترابون (58 ق.م.- 25 م.) وبلينوس (23-79 م.) إشارات إلى عالمين من صور اختصا بدراسة تركيب المادة هما مازينوس وأمورفيس. الأول عاش في بداية القرن الثاني عشر ق.م. وتوصّل إلى مفهوم المادة البسيطة، أو ما نسمّيه اليوم العنصر (Element)، والثاني عاش في نهاية القرن العاشر ق.م. وتوصّل إلى مفهوم "المادة الأخيرة" أو "نهاية المادة" (أتوميس). وهذه العبارة تعني بلغة اليوم "الذرة". والمعروف أن الفيلسوف اليوناني ديموقريطس (القرن 5 ق. م.) قد تبنى فكرة "الأتوميس" الفينيقية وبنى عليها نظريته الذرية القائلة بأن حدوث

العالم مصدره مجموعة ذرات لا نهاية لعددها وتتحرك حركة دائمة أبدية في فضاء لا حدّ له.

المعروف أن الفينيقيين نشروا في العالم القديم استخدام الدولاب في صنع العربات والمركبات ذات العجلات التي تجرّها الخيل مما أدى إلى إنشاء نظام متقن للسفر والنقل، بالإضافة إلى ذلك برع الصوريون في أعمال الهندسة المدنية والعمرانية مثل حفر وبناء الأقنية والترع بين البحار والأنهار ومد القنوات لنقل مياه الشرب من الينابيع إلى المدينة. كما أنهم أشرفوا على حفر الترعة القديمة التي كانت تربط الفرع الشرقي للنيل بطرف البحر الأحمر الشمالي وذلك بأمر من الفرعون نخاو (609-593 ق. م.). وقام الصوريون ببناء صهاريج من الخزف لتخزين مياه المطر النازلة عن سطوح المنازل، وأضافوا إليها مياه ينبوع تحت مياه البحر، كانوا يحصلون عليها بوضع قمع ضخم مقلوب فوق الينبوع بحيث يتصل القمع بأنبوب جلدي ملامس لفتحة الينبوع، وهكذا كانت تحصل صور البحرية على ماء الشرب.

والى جانب العلماء نبغ في صور عدة فلاسفة بينهم زينون الرواقي ومكسيموس وبورفيروس وديودوروس ومارينوس وأدريانوس، كما نبغ الشعراء أمثال مليغر وأنتيباتر، والحقوقيون أمثال أوليبانوس والمؤرخون أمثال مينندور.

4- الصناعة المعدنية:

نبغ الفينيقيون والصوريون بشكل خاص بمهنة التنقيب عن المعادن. وكانت صور رائدة في استخراج المعادن، وصهرها وسكبها واستعمالها. واحتكرت أسرار استخدام المعادن خلال مدة تزيد على

الألف عام، أي ابتداء من منتصف الألف الثاني حتى منتصف الألف الأول قبل الميلاد. وبنى أهل صور مصانع لهم في قبرص ورودوس وتاسوس وقيثارا وكورنو وصقلية وجوزو (قرب مالطة) وليبيا وتونس وسردينيا وسواها. كما احتكر تجّار صور أسرار أماكن مناجم النحاس والقصدير والحديد، بالإضافة إلى الذهب والفضة في العالم، بما في ذلك أسرار الصهر والاستعمال والشحن والتوزيع وأسرار الطرقات البحرية والبرية للوصول إلى تلك المناجم. وتدل النقوش الفينيقية الأثرية بالقرب من كل مناجم المعادن التاريخية في العالم القديم والجديد على صدق هذه الحقائق. والمعروف أنهم وصلوا إلى كورنويل في جنوب إنكلترا للبحث عن القصدير. وقد أطلقوا على جنوب إنكلترا اسم جزر كاسيتريدس Casiterides أي (جزر القصدير)، كما أطلقوا على البلاد اسم (بريت آنيا) أي بلاد التنك. وهذه الجزر هي جزر سيلي (Scilly) الواقعة قرب طرف كورنويل. واهتم صناع صور بصنع الأدوات المعدنية من النحاس والبرونز والقصدير والحديد القاسي، الذي يشبه الفولاذ اليوم، وسبيكة مصهور الذهب والفضة معاً بنسب مختلفة (Electrum). وكانت صناعة الحلى والمجوهرات، مثل الأساور والخلاخل والأقراط والخواتم والعقود والقلائد والأمشاط والورديات والتيجان النسائية المرصعة بالجواهر، من أهم الصناعات الصورية. أضف إلى ذلك صناعة الأوعية والأواني والأطباق والصحون الذهبية والفضية والبرونزية، المعروفة عند علماء الآثار باسم الطاسات الفينيقية. واتقنوا صناعة حفر وترصيع العاج وصقل الأحجار الكريمة وصنع القناديل والمصابيح وقناني العطور الزجاجية والعاجية. واهتم الصوريون بصناعة الخزف والفخار

161

والزجاج. وكان الزجاج الصوري غالي الثمن. واستمرت صور تزوّد العالم بأحسن أنواع الزجاج حتى أيام الحكم الروماني كما يشير سترابو وبليني. واهتموا أيضاً بصناعة الأقمشة، وكان الحرير معروفاً في صور في القرن السادس ق.م.

وقد امتازت المدينة بصناعة الصباغ الأرجواني. وكان هذا الصباغ أشهر الأصبغة وأثمنها في العصور القديمة. وكان يستخرج من أصداف الموركس (Murex). ووجد في صور نوع ممتاز من هذا الصدف. واكتشف الصوريون وجود هذا الصدف في أماكن بعيدة مثل ميناء اسبارطا وجوار قرطاجة واوتيكا، وجاؤوا به.

وكان الحصول على نقط قليلة من السائل الأرجواني المستخرج من الحيوان الصدفي وتقطير الصباغ منه يتطلبان أعمالاً فنية صعبة. ولذلك كان ثمنها مرتفعاً بالرغم من أنها لم تكن مادة محتكرة. ولكن صور احتكرت صناعة الأقمشة المنسوجة المصبوغة باللون الأحمر الأرجواني التي منها الصوف والقطن والكتان والقنب. وكان الحرير الصيني ينقل إلى صور عن طريق البتراء حيث يصبغ ليصبح مقبولاً في الأسواق الرومانية. وهكذا ارتبطت صناعة الحرير بصناعة الصباغ الأرجواني في صور.

وللبرهان على مدى اعتماد صور على الصناعة، نشير إلى ما كتبه أرنست رينان الفرنسي، عند زيارته صور كباحث ومنقّب، إلى صديقه برتيليو بتاريخ 12 آذار (مارس) 1861، حيث قال: "إن شيئاً عجيباً جداً وهو أن بقايا المدينة الفينيقية (صور) تكاد تكون كلها بقايا آثار صناعية، وبقايا تلك المصانع المنحوتة في الصخر لا تزال

منشورة في كل أنحاء الريف. فترى المعاصر، وهي أشبه ببوابات مؤلفة من ثلاث طبقات، بعضها فوق بعض، تشبه أقواس النصر. وترى المصانع القديمة بخزاناتها وأحجار طواحينها لا تزال قائمة، لم يمسها شيء. والآبار المسماة بآبار سليمان على مقربة من صور شيء عجيب جداً، وهو يحدث في النفس أعمق الأثر".

5- التجارة العالمية:

كان ميناء صور أكبر مركز للتجارة الفينيقية العالمية. ولم يكن الفينيقيون أول أمة بحرية فحسب، بل كانوا أول أمة في التاريخ تاجرت في البر والبحر. وكانت محطات صور التجارية منتشرة في الداخل بحيث تصل بين موانئهم على البحر المتوسط ومراكزهم على الخليج الفارسي. وكان التجار الصوريون يحصلون على معظم البضائع والسلع التي يتاجرون بها من مصر وجزيرة العرب وبلاد ما بين النهرين ومن الجزر داخل البحر المتوسط وخارجه. وكانت المراكز والمحطات الفينيقية أشبه بمكاتب فرعية تشرف عليها الإدارة المركزية في صور. وكان للتجار الصوريين وكلاء في كل المدن التجارية في المنطقة مثل: أوديسا ونصيبين والمدائن نينوى وبابل وحلب وأنطاكية وحمص وحماه وبعلبك وتدمر ودمشق

وبانياس وبصرى وحايل وديدان والبحرين وجوهاء وسبأ ومكة والمدينة وتيماء والعقبة والبتراء وغزة وسواها.

وكانت تجارة التوابل والأفاويه والعطور بكاملها بيد الفينيقيين وخاصة الصوريين الذين حرصوا على الاحتفاظ بها لأنفسهم، وحافظوا على سرية الطرق التجارية الخاصة بهذه التجارة. واعتبرت صور في تاريخ الملاحة والتجارة العالمية كمنطلق للطرق البحرية والبرية الرئيسية. فمن مينائها كانت تنطلق السفن وتتجه شمالاً إلى قبرص وغرباً إلى ميكيا ثم إلى جنوبي رودوس ثم تكريت ومنها إلى جزيرة صقلية ومنها إلى جزيرة كوسيرا (وهي جزيرة بنتلاريا الحديثة المعروفة عند الجغرافيين العرب باسم قوصرة) لتفقد وزيارة المراكز التجارية الصورية في شمال أفريقيا، وأخيراً غرباً على الساحل حتى الوصول إلى المراكز الفينيقية في إسبانيا. وبالإضافة إلى ذلك كانت تتجه السفن الصورية جنوباً إلى مصر وموانئ الجنوب الشرقي للبحر المتوسط. وكان للأسطول التجاري الصوري موانئ آمنة ومحطات تجارية ثابتة يسيطر بها على جميع الطرق البحرية في العالم القديم. وكانت حمولة السفن الفينيقية تضم نباتات ومحاصيل مثل الورود والنخيل والتين والزيتون والرمان والخوخ واللوز التي نشروها في بلدان البحر المتوسط كلها. وكانت السفن نفسها هي التي أدخلت من اليونان إلى سورية ولبنان نبات الغار والدفل والسوسن والنعنع والنرجس. واستخدمت صور موازين ومكاييل ومقاييس خاصة بها، وأصبح النقد الصوري الفضي المعروف باسم الشيكل (Shekel) عملة عالمية الاستخدام أيام الملك أحيرام الأول، وقد تبنى الملك سليمان هذه العملة واستخدمها في المعاملات التجارية.

6- صناعة السفن:

ظهرت السفن الفينيقية منذ حوالي 1400 ق. م. مرسومة على المباني الأثرية المصرية وهي بشكل هلال ولها مقدمة ومؤخرة مرتفعتان ومجذافان يستعملان كدفة للسفينة، وفي أعلى الصاري شراع واحد مربع الشكل. ومن المعروف أن الصوريين كان لهم أسطول تجاري ترسو سفنه في ميناء عزيون جابر في آدوم بالقرب من موقع العقبة على البحر الأحمر. وكانت سفنه تبحر إلى الجنوب نحو اليمن والخليج الفارسي للحصول على التوابل والأفاويه والعطور وإلى أوفير في أفريقية الشرقية للحصول على الذهب والأحجار الكريمة. وتشير المعلومات التاريخية إلى أن الصوريين بنوا لبطليموس فيلوباتر سنة 218 ق.م. سفينة طولها 126 متراً وعرضها 18 متراً. وكان يحرّك تلك القلعة العائمة أربعون صفاً من المجاذيف المذهبة وكانت أشرعتها من الأرجوان وحمولتها 2850 بحاراً. وكانت السفينة الفينيقية الصورية على مدى ثلاثة آلاف سنة النموذج الأفضل لسفن العالم.

وكانت أقدم السفن الفينيقية تسير بواسطة الشراع والمجاذيف. وكانت عريضة في وسطها، بحيث كانت حمولتها كبيرة، بدون أن تكون طويلة. وتظهر السفن الفينيقية التجارية والحربية من العصور الأخيرة على الآثار الأشورية، مؤلفة من طابقين ذات مؤخرة مرتفعة ومقدمة حادة يمكن استخدامها في القتال. وبناة السفن الفينيقية هم الذين بدأوا باستعمال مجذافين أو أكثر الواحد فوق الآخر. وكان الطابق الأسفل من السفينة عادة يضم صفين كل منهما بأربعة أو خمسة مجاذيف، بحيث كان عدد المجذّفين بين ستة عشر وعشرين. وفي العصور المتأخرة بلغ عدد المجذفين خمسين مجذفاً. وكان

الركاب يقيمون في الطابق الأعلى. وكانوا يستخدمون عموداً واحداً للشراع. وكان الشراع ينشر عندما ترسو السفن أو حينما يكون الطقس رديئاً. وكان هذا النوع من السفن هو الذي اقتبسه اليونان الأقدمون عن الفينيقيين كما يتضح من الرسوم على الأواني. ويعتقد أن نفس النموذج بناه بحارة صور الذين أرسلهم أحيرام الأول لصديقه الملك سليمان. وكانت صور تتلقى الأخشاب اللازمة لبناء السفن من جبل حرمون، وكانت تعوم الأخشاب في مجرى نهر الليطاني حتى تصل البحر، فتنقل إلى الميناء الصيدوني في صور.

7ـ الاستكشافات البحرية:

أسس البحارة والتجار من أبناء صور مراكز تجارية مهمة في شرق البحر المتوسط في قبرص وصقلية وسردينيا، وذلك في منتصف القرن الحادي عشر ق.م. وأنشأوا مدينة أوتيكا (Utica) على الشاطئ التونسي منذ عام 1100 ق.م. وقام ملك صور أبيبعل (القرن العاشر ق.م.) بضم جزيرة قبرص إلى مملكته. وقبل نهاية

القرن العاشر ق.م. أنشأ الصوريون مدينة قادس (Gades) على الساحل الإسباني الجنوبي. وقد اشتق اسم قادس من كلمة فينيقية معناها (جدار) أو (مكان مسوّر). وأنشأوا مدينة قرطاجة كمركز تجاري وبحري تحت إشراف حكومة صور عام 814 ق.م. واسم قرطاجة فينيقي ناتج عن دعم كلمتي قارط حدشت (Qart Hadasht) أي "المدينة الجديدة"، وهي سليلة صور. وكانت قرطاجة أكثر المراكز الفينيقية نجاحاً في أفريقية، وإن تكن أحدثها عهداً، وكانت في القرن الثامن ق.م. في ذروة منافستها للوطن الأم. وكانت المراكز التجارية الفينيقية غربي البحر المتوسط مثل أوتيكا ولكسوس (Lixus) وهيبو (Hippo) في موريطانيا وقادس في جنوب غربي إسبانيا تعلن الولاء دوماً لصور. وكانت معظم المستعمرات الفينيقية في إسبانيا تقع في ترشيش (Tartessus) وخاصة في المنطقة بين قرطجنة وقادس وكانت هذه الأسماء السامية للأماكن شائعة جداً ونراها على النقود المعدنية الفينيقية المكتشفة في تلك الأماكن. وأما اسم ترشيش الذي نصادفه في أسفار التوراة وفي نقوش أشور فهو اسم فينيقي يعني (المنجم) أو (مكان الصهر)، وسميت قرطجنة باسم المدينة الأم قرطاجة. واسم ملقة Malaga (ملاكة Melakah بالفينيقية) يعني (دكان) أو (معمل صغير). وقد أدى تأسيس محطة قادس وراء أعمدة هيركوليس (وهما الرأسان الصخريان عند مضيق جبل طارق) إلى دخول الفينيقيين إلى المحيط الأطلسي. وأسفر ذلك عن اكتشاف الأقيانوس (في اليونانية أوكينوس Okeanos) بالنسبة للعالم القديم. وقد عرف هوميروس عن وجود المحيط الأطلسي لأول مرة من الفينيقيين، وقد أطلق العرب على ذلك الأقيانوس فيما بعد اسم "بحر الظلمات".

وإن أعظم عمل بحري حققه الصوريون هو الدوران حول أفريقيا بحراً قبل البرتغاليين بأكثر من ألفي سنة. وقد قام الفينيقيون من صور بهذا العمل بإشارة من الفرعون نخاو (609 - 593 ق. م.) من السلالة السادسة والعشرين. بدأ الفينيقيون رحلتهم من شمال البحر الأحمر واتجهوا جنوباً نحو المحيط الهندي، وعند اقتراب فصل الخريف كانوا ينزلون أينما وجدوا ويزرعون القمح وينتظرون نهاية الموسم ثم يتابعون رحلتهم من جديد. وبعد أن قضوا سنتين على هذه الحال عبروا في السنة الثالثة أعمدة هرقل (مضيق جبل طارق) وعادوا إلى مصر. قال هوميروس: "وهناك قالوا (ما يصدقه البعض، ولكنني لا أصدقه) أنهم بدورانهم حول أفريقيا كانت الشمس على يمينهم". وهذه العبارة التي لم يصدقها "أبو التاريخ" اليوناني تثبت صحة القصة. وذلك أنه عندما تتجه السفن إلى الغرب حول رأس الرجاء الصالح فإن شمس نصف الكرة الأرضية الجنوبية تكون عن يمينها. كانت السفن التي بناها الصوريون تتميز بالضخامة التي سمحت للبحارة من صور وقرطاجة أن يمخروا عباب المحيط الأطلسي ذهاباً وإياباً من شواطئ إسبانيا الجنوبية وأفريقيا الغربية ليصلوا إلى شواطئ أميركا الشمالية والجنوبية في القرنين السادس والخامس قبل الميلاد وربما قبل ذلك. كما خاضت تلك السفن عباب المحيطين الهندي والهادئ أيضاً. وقد أثبتت بحوث د. باري فيل (Fell) وسواه أن حجم السفينة التجارية الفينيقية التي كانت تستخدم في قطع المحيط الأطلسي كانت ثلاثة أضعاف حجم السفينة الإسبانية التي استخدمها كولومبوس في رحلته الأولى إلى العالم الجديد عام 1492م. وهذا ما أكده الاكتشاف الجديد (في تموز 1999) لسفينتين فينيقيتين في الجنوب الشرقي من البحر المتوسط

وعلى بعد 50 كلم من عسقلان وعلى عمق 450 متراً في البحر، إذ تمكن فريق من الباحثين بينهم عالم الآثار والبحار البروفسور لورنس ستيغر Stager (جامعة هارفرد) والمستكشف روبرت بالرد Ballard بمساعدة الجمعية الجغرافية الوطنية والمكتب الأميركي للبحوث البحرية من تحقيق هذا الاكتشاف.

والملاحظ حالياً وجود خليج في النرويج يحمل اسم خليج صور (Tyr Golf)، وتوجد مدينة على مصب نهر الدنيبر في البحر الأسود تحمل أيضاً اسم صور، وفي هذا دليل على مدى انتشار النفوذ الصوري الثقافي العمراني في أوروبا. والجدير بالذكر أن الجناح الإيرلندي في معرض نيويورك الدولي عام 1939 كان يرفع في واجهته لوحة كتب عليها بأحرف ذهبية: "إننا الأولون من غرب أوروبا الذين دخل عليهم التمدن والعمران بفضل الملاحين الفينيقيين الشجعان من صور وصيدا".

8- صور في الكتاب المقدّس:

الملاحظ عند مراجعة أسفار العهد القديم من الكتاب المقدّس، أن ذكر صور يرد أكثر من 25 مرة في نصوص عشرة أسفار هي: صموئيل الثاني والملوك الأول وأخبار الأيام الأول والثاني ونحميا وأشعيا وإرميا وحزقيال ويوئيل وعاموس، حيث تشير النصوص إلى علاقات صور التجارية مع أوفير وترشيش ودادان وأرام وحلبون وأدان وقيدار وحران وعدن وكنه وشبا وأشور وكلمد وجزر كتيم وأليشة وسواها. وقال النبي أشعيا في الإصحاح 23 يصف صور بقوله: "صور التي تتوج الملوك، وتجارها أمراء ورجال أعمالها كرام الأرض". وقال النبي حزقيال في الإصحاح

169

27 يخاطب صور بقوله: "صور أيتها الساكنة عند مداخل البحر، تاجرة الشعوب إلى جزائر كثيرة.. يا صور أنت قلتِ أنا كاملة الجمال. تخومك في قلب البحار، بناؤوك أكملوا جمالك. وصرتِ ذات مجد عظيم في كل البحار. عند خروج بضائعك من البحار أشبعتِ شعوباً كثيرين. بكثرة ثروتك وتجارتك أغنيت ملوك الأرض".

9- صور والمسيحية:

لعبت صور دوراً هاماً في نشر المسيحية لأنها كانت مركزاً هاماً لنشوء وتطوّر التعاليم المسيحية، قبل الإسكندرية وأنطاكية. ويذكر التاريخ أن عدة أساقفة من صور جلسوا في أول عهد الكنيسة على كرسي خليفة المسيح في روما. ولا يخفى ما كان لذاك العهد من أهمية في تنظيم شؤون الكنيسة ونشر تعاليمها، ووضع طقوسها وتقاليدها. يضاف إلى ذلك اعتماد آباء الكنيسة الأولين على النظريات الفلسفية التي نادى بها الفلاسفة الفينيقيون كالفيثاغورية والرواقية والأفلاطونية الحديثة، بحيث كانت الركن الأساسي في الدفاع عن المسيحية ضد حملات خصومها الوثنيين. والمعروف أن القديسين جوستين وبنتان وكليمندس وأوريجان استمدوا مبادئ فلسفتهم من الفلاسفة الفينيقيين.

ج- صور في القرون الوسطى العربية (640-1600 م.)

تمتد هذه المرحلة من عام 640 حتى عام 1600 م.، أي حوالي ألف سنة، منذ دخول العرب والإسلام إلى صور حيث أصبحت تحت

إدارة دولة الخلافة الرشيدة والأموية والعباسية والفاطمية، حتى فترة الغزو الصليبي وما تلاه من الاحتلال المملوكي والعثماني.

ونستعرض فيما يلي بعض المزايا الثقافية في هذه المرحلة:

1- قامت اللغة العربية في هذه المرحلة بتعريب الكثير من الألفاظ والمصطلحات السريانية واليونانية علماً أن الحروف العربية نفسها قد اقتبست تاريخياً من الألفباء النبطية وهي شقيقة السريانية. وتم تعريب الإدارة الأموية في صور، حيث حلت اللغة العربية مكان اليونانية الرومية في كتابة الدواوين. كما جرى سك الدينار والدرهم بالشكل العربي الخالص أيام عبد الملك بن مروان عام 695 م.

2- تم في هذه المرحلة إصلاح الكتابة العربية الذي استهدف سهولة التمييز بين الحروف التي ترسم بصورة متشابهة، مثل الباء والتاء والثاء والدال والذال والسين والشين وذلك بإدخال علامات فارقة من التنقيط. كما تم إزالة الإبهام في التحريك باقتباس إشارات من السريانية، ترمز إلى الضمة والفتحة والكسرة على أن توضع فوق الحروف أو تحتها. وفي أواخر القرن الأول للهجرة، وتبعاً للنسق السرياني، جرى استعمال خطوط قصيرة بدلاً من النقط، فوق الحرف وتحته، نشأت منها الفتحة والكسرة كما تستخدمان اليوم.

3- استقرت جماعات من العرب في المدن، حيث أصبحت اللغة العربية في غضون هذه المرحلة لغة المدن. ثم إن تردد أبناء الريف إلى المدن لبيع منتجاتهم أو مزاولة أعمالهم دعاهم إلى تعلم اللغة الجديدة دون أن يضطرهم ذلك إلى التخلي عن لسانهم القديم. وكذلك أهل الفكر من السكان الأصليين فقد استنسبوا أن يتعلموا العربية من أجل أن يؤهلوا أنفسهم للعمل في وظائف الدولة.

4- استمر الصراع الثقافي اللغوي في صور بين اللغة العربية والسريانية لمدة طويلة، حيث تركت السريانية طابعها الدائم على اللغة المحكية في صور ولبنان عموماً. وهذا الطابع هو الفارق الأساسي الذي يميّز هذه اللهجة عن لهجات البلدان المجاورة. وهو واضح في التراكيب والمفردات والأصوات اللغوية. والملاحظ أن المفردات في اللهجة الدارجة غنية بصورة خاصة بالألفاظ المستعارة من السريانية، مثل أسماء الأشهر وقد انحدرت من السريانية مباشرة، التي بدورها تلقت هذه الأسماء من أصل أكادي.

5- الملاحظ أن جذور اللغة العربية كانت عميقة وقوية في صور وما حولها. ذلك لأن استيطان أبناء بني عاملة في المنطقة يرجع إلى ما قبل غزو الإسكندر المقدوني عام 332 ق.م. وهناك وثائق ونصوص تاريخية يونانية تشير إلى أن الإسكندر لقي مقاومة شديدة من العرب الذين كانوا يقيمون في الجبال القريبة من صور.

6- تشير الوثائق التاريخية إلى أن رجال بني عاملة دخلوا لبنان مرة ثانية إثر هزيمة الجيش التدمري عام 272 م. بقيادة الملكة زنوبيا أمام جيش الإمبراطور الروماني أوريليانوس في معركة جرت جنوب حمص. مما أدى إلى تشتت الجيش التدمري، حيث كانت نسبة عالية من جنوده تنتسب إلى قبيلة بني عاملة اليمنية. ولجأ الجنود العامليين إلى سهل البقاع حيث ساروا جنوباً على موازاة مجرى نهر الليطاني حتى وصلوا إلى تلال لبنان الجنوبي والساحل المحيط بمصب النهر حيث استقروا وامتزجوا مع السكان الأصليين من المزيج الكنعاني - الآرامي - العربي وعرفت تلك المنطقة منذ ذلك الحين باسم جبل عامل. والبرهان على تجذر اللغة العربية في صور وجبل عامل، على العموم هو أن الصحابي الجليل أبا ذر

الغفاري عندما نفاه معاوية، والي الشام أيام خلافة عثمان بن عفان سنة 651 م. إلى الساحل اللبناني، اختار الإقامة في جبل عامل لأن سكانه كانوا في ذلك الحين يتكلمون العربية.

7- عرفت مدينة صور منذ بداية العصر العباسي بأنها دار علم ودين وفقه وأدب. حيث أقام فيها وهاجر إليها عدد كبير من مشاهير علماء الإسلام ورواة الحديث النبوي الشريف إلى جانب الشعراء، والأدباء، والكتاب والبلغاء. وجاء ذكر صور في كل مؤلفات الجغرافيين والمؤرخين العرب أمثال: ابن خرداذبة وابن حوقل والهمداني والاصطخري والمقدسي والبكري وابن جبير والقزويني والجزري والعمري وسواهم. وفي مراجعة أعمال كبار المؤرخين أمثال ابو منصور الثعالبي (961-1038 م.) في يتيمة الدهر واحمد بن علي الخطيب (1002-1071 م.) في تاريخ بغداد وعلي بن الحسن ابن عساكر (1105-1176 م.) في تاريخ دمشق وياقوت الحموي (1179-1229 م.) في معجم البلدان وأحمد بن خلكان (1211-1281 م.) في وفيات الأعيان وعماد الدين أبو الفداء (1273-1331 م.) في تقويم البلدان وشمس الدين الذهبي (1274-1348 م.) في تذكرة الحفاظ والاسيوطي (1445-1505 م.) في طبقات الحفاظ، نجد أسماء العشرات من الصوريين الذين اشتهروا كفقهاء ورواة وشعراء. ومن الفقهاء والرواة نذكر كمثال الحسن بن جرير البزاز وعبد الله بن سختويه وثابت بن أحمد أبو القاسم وسعيد بن محمد بن ادريس المروزي والحسن بن عطية الخطيب. ومن الشعراء نذكر كمثال أبو عبد الله محمد بن دحيم الساحلي وسعيد بن علي أبو القاسم الميمذي وعبد المحسن الصوري وولده الشيخ عبد المنعم بن عبد المحسن. ومن أقدم ربات الخدور اللواتي تفوّقن في

الشعر والأدب من نساء صور نذكر أم علي تقية بنت أبي الفرج غيث الصوري، ذكرها ابن خلكان في وفيات الأعيان، وقال: إنها توفيت في سنة 1183 م. وأنها مدحت الملك المظفر بن أخ صلاح الدين الأيوبي بقصيدة أتت فيها على وصف الخمرة. فلما اطلع عليها قال: الشيخة تعرف هذه الأحوال من زمن صباها. فبلغها ذلك فنظمت قصيدة أخرى وصفت فيها البطولات والمعارك الحربية وقدمتها للملك، ثم أرسلت إليه تقول: "علمي بهذا كعلمي بذلك".

دـ أضواء على أهم المنجزات والمآثر الصورية

تميزت صور عن سائر المدن الفينيقية بمآثرها ومنجزاتها العلمية والجغرافية الفريدة. وفيما يلي بعضها:

1ـ أول فرضية للذرة في التاريخ

بدأت الأفكار العلمية وتصورات تركيب المادة تتكامل وتشكل تياراً علمياً ذا قيمة منذ القرن الثاني عشر ق. م. حيث ظهر الفيلسوف الصوري مازينوس الذي وضع فكرة المادة البسيطة (ليتمن بالفينيقية) أي ما نسميه اليوم بالعنصر (Element). وأعلن مازينوس أن المادة التي يتركب منها البر والبحر والسماء هي واحدة، ولكنها تتحد بكمية صغيرة أو كبيرة ببعضها البعض فتتكون الحيوانات البرية والنبات والإنسان في البر والحيتان والأسماك في البحر والنجوم والشمس والقمر في السماء. وتلاه الفيلسوف الصيدوني سودار (القرن الحادي عشر ق. م.) الذي استطاع أن يضيف بعض التعديل على فرضية مازينوس، بحيث افترض وجود شيء أبسط من المادة البسيطة. وقد أطلق عليه اسم "مولتز"

بالفينيقية، أي ما نسميه اليوم الجزئي (Molecule). وعدّل سودار فرضية مازينوس في تركيب المادة بحيث افترض أن المادة البسيطة (ليتمن) تتركب من جزئيات صغيرة (مولتزات) تتحد وتتفاعل مع بعضها البعض ومع المواد البسيطة (ليتمنات) فيتكوّن البر والبحر والسماء بما فيها من نبات وحيوان وإنسان وأجرام سماوية.

وأتى بعد ذلك العالم الصوري أمورفيس (القرن العاشر ق. م.) وكان صاحب معمل نسيج وأصباغ في صور. وقد ساعده في تأملاته ودرسه الفيلسوف عبد أشمون. وأعلن أمورفيس في منتصف القرن العاشر ق.م. في محفل من علماء صور وصيدون أن المولتز (الجزئي) الذي افترضه سودار ليس هو آخر ما تنتهي إليه المادة، بل أن المادة تتركب من "أتوميس" (أي ذرات أو مادة نهائية) ضخمة العدد وصغيرة الحجم، وهي تتجمع وتؤلف المولتز (الجزئي)، وعندما تتجمع المولتزات (الجزئيات) يتشكل منها الليتمن (أي المادة البسيطة). والمعروف أن كلمة (أتوميس) الفينيقية تعني "الجوهر الفريد" أو "نهاية المادة" أو "المادة الأخيرة". وقد انتقلت هذه الكلمة إلى اليونانية في القرن الخامس ق. م. فصارت تلفظ "آتوموس" (Atomos) وتعني "لا ينقسم".

ومنها استعملت في كل اللغات الأوروبية تحت اسم (Atom) أي ذرة أو جوهر فرد بالعربية.

2- رائدة علم الرياضيات الأولى

قامت الإدارة الوطنية للملاحة الفضائية (نازا) بتخليد أول عالمة رياضيات في تاريخ الإنسانية وهي ديدون (Didon) الأميرة الصورية الفينيقية، وذلك بإطلاق اسمها على خارطة قمر ديون

Dione الذي يدور حول كوكب زحل وديدون. هي ابنة بيلوس ملك صور وأخت بيغماليون ملك صور أيضاً. أسست ديدون مدينة قرطاجة في شمال أفريقيا حوالي 814 ق. م. بعد أن اشترت الأرض من ملك البلاد لاربوس (Larbus) باستخدام أسلوب رياضي فريد دلّ على مدى علم الأميرة ديدون ومعرفتها العميقة بالرياضيات. وتشير موسوعة الرياضيات (برنتس هول) إلى أن ديدون هي أول من وضع واستعمل تقنيات المقاييس الطولية للأشكال الهندسية (Longimetry) ومقاييس المحيطات (Perimetry) والمساحات (Planimetry) للأشكال الهندسية المستوية مثل المثلث والمربع والمعيّن والمستطيل ومتوازي الأضلاع، وشبه المنحرف والدائرة وسواها. وبذلك تكون ديدون قد استخدمت هذه المعارف قبل إقليدس بخمسة قرون وقبل أرخميدس بستة قرون.

وتشير المعلومات التاريخية إلى أن الأميرة ديدون طلبت من الملك لاربوس شراء قطعة أرض لبناء المدينة الجديدة (قرطاجة) فرفض. ولكن الأميرة عادت وطلبت من الملك أن يبيعها مساحة من الأرض لا تزيد عن المساحة التي يحيط بها طول شرائح جلد بقرة. فضحك الملك من سذاجة طلبها وأجابها إليه. فأمرت ديدون مهرة رجالها بتقطيع وتقسيم الجلد البقري إلى خيوط دقيقة، وبوصل الخيوط الواحد بالآخر وبمدها على الأرض بصورة مستديرة حصلت على مساحة كافية لبناء ما تريد. ولم يسع الملك، رغم المفاجأة إلا الوفاء بوعده. والملاحظ أن اختيارها للشكل الدائري يدل على معرفة علمية واسعة باستعمال قواعد الرياضيات الخاصة بالمقاييس الطولية للأشكال الهندسية ومحيطاتها ومساحاتها. ومنها معرفتها بأن الدائرة

هي أوسع الأشكال المسطحة مساحة إذا قورنت بالأشكال الهندسية الأخرى، بشرط أن يكون محيط كل من تلك الأشكال مساوٍ لمحيط تلك الدائرة.

3- الاكتشاف الأول للقارة المجهولة:

إن دراسة النقوش والآثار القديمة المكتشفة في كندا والولايات المتحدة والمكسيك والبرازيل والأرجنتين وسواها من بلدان القارة الأميركية، تؤكد وتثبت للباحثين في تاريخ أميركا قبل كولومبوس أن رحلات عديدة قام بها البحارة والتجار الفينيقيون بقيادة القبطان حاتا (Hatta) وهانو بن تامو (Hanno) وووطن (Wootan) منذ منتصف الألف الأول قبل الميلاد. ولدينا عشرات الدراسات والبحوث والمراجع العلمية الأكاديمية المنشورة والموثقة التي تشير وتؤكد وصول التجار والبحارة الفينيقيين والعرب من صور وقرطاجة والأندلس والمغرب إلى البقاع المذكورة أعلاه قبل كولومبوس بألفي سنة. وقد كشف الباحثون عن التشابه الكامل بين النقوش القرطاجية المكتشفة في تونس والنقوش نفسها المكتشفة في ديفنبورت (Davenport) - ولاية أيووا (Iowa) الأميركية، كما وجد تشابه كامل بين النقوش الهيروغليفية المصرية والرموز المستخدمة في كتابة لغة قبيلة ميكماك (Mimac) في الولايات المتحدة وكندا. وكشف الباحثون عن التماثل والتشابه الكامل بين مفردات لغة قبيلة بيما (Pima) الهندو أميركية المحكية والمفردات العربية المماثلة في لهجات المغرب وموريتانيا، وكذلك التشابه بالكلمات ومعانيها بين مفردات لغة شعب المايا ومفردات اللغة العربية في لهجات شمال أفريقيا. وقد توفرت لدينا العشرات من الصور والوثائق المتعلقة بالنقوش الفينيقية مثل نقش براهيبا (Parahaiba) في البرازيل

وصخرة دايتون (Dighton) على ضفة نهر طاونتون ـ بالقرب من أسونت نك في ماساشوستس ـ الولايات المتحدة، وحجر بات كريك في ولاية تنيسي ونقوش ديفنبورت في ولاية أيووا، وصخرة بورن في ولاية ماساشوستس وحجر ميستري هيل في ولاية نيو هامشير، ونقوش لاس لوناس في ولاية نيو مكسيكو ونقوش ماسكر لييك في ولاية نيفادا، ونقوش سيمارون كليف في ولاية أوكلاهوما وحجر نورا في نورث أيووا ونقوش منتزه الصخور المنقوشة (Petroglyph Park) بالقرب من مدينة بيتربورو ـ أونتاريو (كندا) ونقوش برمبتونفيل بالقرب من مدينة شيربروك ـ كيبيك (كندا). وتبيّن من دراسة هذه النقوش الفينيقية أن بحارةً وتجاراً من صور قد وطأت أقدامهم الأرض المجهولة قبل كولومبوس بألفي عام.

وبعد اطلاعي وحصولي على كل هذه الصور والوثائق قمت بخطوة جريئة ورائدة، حيث قمت، بعد التنسيق مع السفارة اللبنانية في أوتاوا (كندا) عام 1995، بتنظيم مجموعة من الاحتفالات الثقافية في الجامعات والبرلمانات الكندية والأميركية لتخليد ذكرى مرور ألفين وخمسمئة سنة على نزول البحارة والتجار الفينيقيين على أرض القارة الجديدة أي قبل كولومبوس بألفي سنة. والمؤسف أن رسائلي واقتراحاتي حول هذا الموضوع التي أرسلتها إلى رئاسة الجمهورية ورئاسة الوزراء ورئاسة المجلس النيابي وإلى وزراء التربية والثقافة والإعلام والسياحة في لبنان لم تلقَ أي اهتمام ولم أتلقَّ أي جواب، بالرغم من أن الصحافة اللبنانية والعربية في الوطن وفي ديار الاغتراب نشرت الكثير من التقارير والمداخلات والتعليقات حول الاحتفالات المذكورة.

4- صور منطلق وملتقى طريق الحرير

قام العالم الجيولوجي والرحالة الألماني فرديناد فون ريشتهوفن (Ferdinand Von Richthoven) عام 1860 برحلاته العديدة إلى أقطار الشرق وعاد منها إلى أوروبا عام 1872. وأطلق على الطريق التجاري البري، المنطلق من شرقي الصين حتى شرقي البحر المتوسط اسم طريق الحرير. وذلك بعد ما كان قد درس أهمية الحرير التاريخية والعلمية والاقتصادية المتميزة. فصار اسم (طريق الحرير) في عصرنا الحاضر مقبولاً وشائعاً وموضوع بحث علمي واهتمام جدي. وفي عام 1989 أعلنت منظمة اليونسكو عن مشروع عالمي أطلقت عليه اسم "مشروع طريق الحرير الثقافي" ووضعت له برنامجاً عالمياً توزعت أعماله على سنوات العقد الأخير من القرن العشرين (1990-2000). وانطلق البرنامج المذكور من دراسة التفاعل التاريخي الجذري بين الثقافات والحضارات التي نشأت وترعرعت على امتداد طرق التجارة العالمية القديمة التي كانت تربط بلدان آسيا وأوروبا وأفريقية. وشارك في مشروع طريق الحرير الثقافي العديد من المنظمات العلمية التي تمثل أكثر من خمسين دولة. وكان بين المشاركين 157 مختصاً توزعوا على ثلاث بعثات علمية لدراسة المواضيع التالية: 1- طرق الصحراء من اكسيان حتى كشغر في الصين، وذلك في شهري تموز وآب 1990. 2- الطرق البحرية من فينيسيا حتى أوزاكا، بدءاً من شهر تشرين الأول 1990 حتى شهر آذار 1991. 3- طرق البادية في آسية الوسطى، وذلك في ربيع عام 1991. وقد شارك هؤلاء العلماء في ثلاثة وأربعين (43) مؤتمراً علمياً دولياً مقدمين 571 محاضرة حول مواضيع طرق الحرير. وبوشر العمل الأكاديمي حول المشروع

بخمسة مشاريع دولية للبحث هي: 1- الملاحم على طول الطريق البحرية في آسية الجنوبية والجنوبية الشرقية. 2- دراسة النقوش على الصخور في آسية الوسطى. 3- دراسة لغات وكتابات طرق الحرير. 4- دراسة وصيانة خانات الطرق وأنظمة المراقبة. 5- طرق ووسائل استخدام علم الآثار الفضائي. وكانت النتيجة المباشرة لهذه الأنشطة تعميق البحث العلمي وتقوية التعاون والتبادل العلمي بين الدول المعنية في المشروع وتكوين شبكة دولية من المؤسسات العلمية.

تعميقاً للتبادل التجاري والحوار الفكري والتفاعل الحضاري، ناشدت منظمة اليونسكو مجتمعات العالم والدول الأعضاء في هيئة الأمم المتحدة القيام بكل ما من شأنه بحث واستقصاء ومتابعة آثار طريق الحرير عبر أقطار عديدة في قارات آسيا وأفريقيا وأوروبا براً وبحراً، وذلك في سبيل متابعة طريق الحرير والأمل في فتح حوار حضاري جديد يسهم جدياً في تقارب الشعوب والأمم وتقدم المجتمع الإنساني، وازدهار الاقتصاد وتوثيق العلاقات المختلفة بين دول

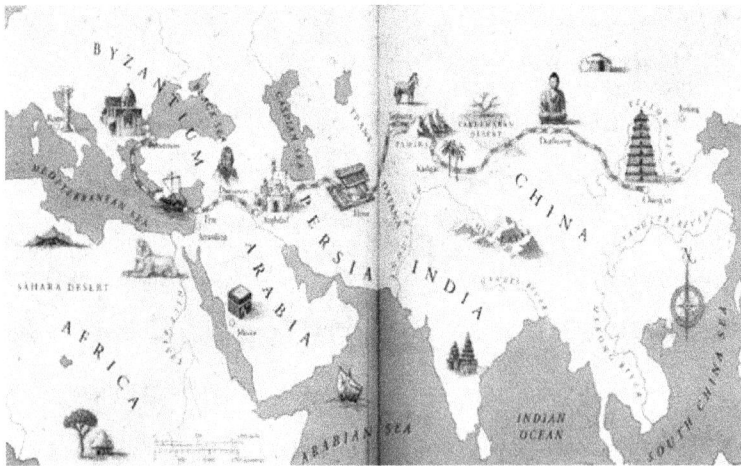

العالم. وإذا كان (طريق الحرير) موضوع بحث علمي ورمز إنجاز حضاري وعامل اتصال تاريخي وثقافي بين عالم الشرق وعالم الغرب قديماً، فقد غدا في عصرنا الحاضر موضوع بحث فكري وتفاعل حضاري بين أقدم الحضارات الإنسانية العالمية التي نشأت وازدهرت في كل من الصين وتركستان وشبه القارة الهندية وأفغانستان وإيران وبلاد ما بين النهرين وبلاد الشام وشبه الجزيرة العربية واليمن السعيد، ومصر واليونان وإيطاليا. إلخ.

وإذا كان التاريخ يبدو أحياناً في نظر بعضهم وكأنه فقط تاريخ معارك وحروب وغزوات وحكام وقواد وملوك وأباطرة، فإن دراسة طريق الحرير تؤكد من جديد أهمية دراسة (التاريخ الحضاري) محلياً، وإقليمياً ودولياً وعالمياً. وفي هذا السياق ساهمنا من خلال مؤسساتنا الثقافية في كندا بتنظيم عدة احتفالات لإحياء ذكرى مرور 2200 سنة على بداية التبادل الثقافي والتراث الحضاري على امتداد طريق الحرير، الذي بلغ طوله حوالي 11 ألف كلم، وذلك خلال أسبوع كامل في منتصف شهر تشرين الثاني (نوفمبر) 2000. وفي هذه الاحتفالات عرضنا الخرائط الرسمية لطريق الحرير التي تظهر فيها مدينة صور كمنطلق وملتقى لطريق الحرير، وكمحطة مهمة للقوافل التجارية التي كانت تلتقي في أسواقها لتبادل السلع والبضائع، حيث تتوفر الراحة والأمان والخدمات، مما جعل صور منتدى وملتقى للتجار ورجال القبائل وزعماء القوافل. وبعدها كانت القوافل تنطلق من هذه المدينة إلى بانياس ودمشق وتدمر (سورية) وبغداد (العراق) وهمدان ومرو (إيران) وهرات (أفغانستان) وبخارى وسمرقند وطاشقند (أوزبكستان) وكشغر ولنزو وشنغان (الصين). ثم تعود القوافل من شنغان مروراً بنفس المحطات وترجع إلى صور.

وكانت رحلات القوافل تستغرق حوالي ستة أشهر أحياناً. والمعروف أن الطريق بين صور وبانياس كان يمر (من الغرب إلى الشرق) في قرى برج الشمالي وعزية وطيردبا ومعركة وبيربش وديردغيا وأرزون وصريفا ونيحا ودير السريان والغندورية وقنطرة وعدشيت وطيبة وكفركلا والخيام والغجر والنخيلة إلى بانياس. وكانت تقام في هذه القرى وسواها، من التي كان يمر فيها طريق الحرير، الأسواق التجارية الأسبوعية في أيام معيّنة من الأسبوع. والمعروف تاريخياً أن طريق الحرير بدأ يستقبل القوافل التجارية في العام 200 ق.م. أيام الحكم السلوقي في بلاد الشام. وقد اهتمت الدول التي حكمت الصين بحماية طريق الحرير. وأسست عدداً من المراكز والنقاط الآمنة في مناطق غربي الصين، وقامت باتخاذ كل ما يلزم في سبيل تأكيد سلامة القوافل على امتداد الطريق، الذي شهد اهتماماً خاصاً وازدهاراً كبيراً في عهد امبراطورية جنكيز خان المغولي (1162- 1227). وكانت طريق الحرير البرية تمتد وتنحرف وتتجه وتنعطف نحو المناطق التي توفر للقوافل الأمن والأمان والاطمئنان والسلم والسلام، والراحة والاستقرار والازدهار. كانت البضائع التي تنتقل على طريق الحرير تضم المعادن الثمينة مثل الذهب والفضة والأحجار الكريمة بالإضافة إلى التوابل والأفاوية والفواكه والملابس والمنسوجات والأدوات المنزلية والحلى والمجوهرات والحرير طبعاً. وبالإضافة إلى القوافل التجارية كانت جماعات أخرى من التجار والمهنيين والعلماء والسفراء والمؤرخين والجغرافيين والرحالة والفنانين والشعراء والمغنيين والأئمة والحجاج والكهنة والقساوسة والرهبان والنساك والمتصوفين، تسلك نفس الطريق للانتقال من بلد إلى آخر. وكانت عمليات اكتساب ونشر العلم

والمعرفة مستمرة على امتداد الطريق. وشهد طريق الحرير قيام وانهيار عشرات الممالك والامبراطوريات خلال فترة 1800 سنة من وجوده، بالإضافة إلى قيام ثقافات وحضارات متعددة وانتقال علوم ومعارف وتقنيات واختراعات متعددة بين البلدان المختلفة ونمو وتطور وازدهار مراكز مهمة وعديدة للتجارة والصناعة على امتداد الطريق الطويل.

والمجالات والمضامين الحسية التي تتفاعل مع الحواس والعقل لتشكّل إحساسنا وإدراكنا ووعينا الداخلي والخارجي للكون والحياة والإنسان ـ المجتمع ليست هي بالضرورة تجارب ومجالات ومضامين فيزيائية صرفة، ولا هي عقلية صرفة، كما أنها ليست مجرد ظواهر مادية صرفة أو روحية صرفة، إنها في الواقع ظواهر فيزيا عقلية ومدرحية في آن واحد.

❖

الملحق الثالث

تخليد رموز التراث العربي
على خرائط القمر والكواكب

أطلق خبراء الإدارة الوطنية للملاحة الفضائية (نازا) أسماء كبار علماء الفلك والرياضيات العرب على التضاريس الجغرافية في خرائط القمر والكواكب. وفيما يلي يسلّط الباحث بعض الأضواء على مدى اهتمام خبراء الملاحة الفضائية بالتراث العلمي العربي.

مقدمة: افتتحت روسيا (الاتحاد السوفياتي سابقاً) عصر استكشاف الفضاء الخارجي عندما أطلقت القمر الصناعي الأول سبوتنك ـ 1 بتاريخ 4 تشرين الأول (أكتوبر) 1957. وتوالت بعد ذلك عمليات تطوير الأقمار الصناعية وتوسيع برامج الاستكشافات الفضائية حتى تمكّنت الولايات المتحدة لأول مرة في 20 تموز (يوليو) 1969 من إنزال المركبة الفضائية أبولو ـ 11 على سطح القمر وبداخلها ثلاثة من رواد الفضاء هم: نيل أرمسترونغ وإدوين ألدرين ومايكل كولنز. وكانت الولايات المتحدة قد أنشأت في عام 1958 الإدارة الوطنية للملاحة الفضائية (المعروفة اختصاراً باسم نازا)، التي يعمل في مختبراتها ومكاتبها ومحطاتها الفضائية أكثر من خمسة عشر ألفاً من العلماء والمهندسين والتقنيين والمستشارين الإداريين. وتولّت نازا مهام تنظيم وإدارة البرامج الأميركية لاستكشاف الفضاء الخارجي. وبعد نجاح مركبة أبولو ـ 11 استمرت الولايات المتحدة وروسيا بمتابعة عمليات غزو الفضاء بواسطة الأقمار الصناعية والمركبات

الفضائية على اختلاف أنواعها، حيث أطلقت العشرات من المركبات نحو القمر والكواكب عطارد والزهرة والمريخ والمشتري وزحل، التي قامت بإجراء المسح الطبوغرافي لسطوح الكواكب المذكورة. ومن أهم التجهيزات العلمية التي زوّدت بها تلك المركبات نذكر أجهزة التصوير التلفزيونية والليزرية وراسمات الخرائط الرادارية ومطيافات الأشعة فوق البنفسجية والأشعة تحت الحمراء والتوهّج الهوائي وكاشفات الجسيمات المشحونة كهربائياً والمجالات الكهرطيسية وأجهزة قياس المغنطيسية والحرارة والسحب القطبية. واستخدمت كل هذه التجهيزات للرصد والتصوير وقياس كل ما يوجد على سطوح وفي أجواء القمر والكواكب المذكورة. ومن أهم التضاريس الطبيعية التي كشفت عنها أجهزة التصوير الطبوغرافي نذكر الجبال والتلال المستديرة والمتراكزة والأودية والهضاب والمنخفضات والتشققات والفوهات البركانية المستوية والسطحية والمتشعبة والسهول والأحواض ومجاري الأنهار الجافة والمنحدرات والقنوات المتآكلة والقمم القطبية والمجاري البركانية والبقاع الساخنة وغيرها. وتلقّت نازا خلال خمسة عشر عاماً (1964-1979) ما مجموعه 200662 صورة طبوغرافية للقمر وعطارد والزهرة، والمريخ والمشتري وزحل. وتلقى مختبر الرسم التصويري الحاسوبي ومختبر المسح الراداري (أو مرسام الخرائط الحاسوبي) كل تلك الصور في عام 1980، حيث تولى الخبراء دراستها ورسم الخرائط اللازمة، فوضعوا خرائط تفصيلية متقنة منها 24 خريطة عامودية (ORTHOGRAPHIC) و87 خريطة مجسمة (STEREOGRAPHIC) تمثل سطوح القمر والكواكب المذكورة. وجرى تقسيم خطوط الطول والعرض

الجغرافية على هذه الخرائط باستخدام نفس الأسلوب والطرق المتبعة في تقسيم طبوغرافية الأرض. وهذا ما جرى بالضبط على خرائط القمر، وأما خرائط الكواكب فقد جرى تقسيم خطوط الطول من الصفر إلى 360 درجة كلها تشير نحو الغرب، بدلاً من أن يكون نصفها نحو الشرق والنصف الآخر نحو الغرب. وظهرت على الخرائط المذكورة مواقع التضاريس الطبوغرافية وعددها 2992 موقعاً. وكان لا بد من اختيار الأسماء المناسبة لكل هذه المواقع.

مصادر ومراجع الأسماء: تشكلت في عام 1980 لجنة علمية خاصة في نازا مهمتها اختيار الأسماء اللازمة لكي تطلق على المواقع الجغرافية في خرائط القمر وعطارد والزهرة والمريخ والمشتري وزحل. وقامت اللجنة باختيار أسماء رموز التراث العالمي في العلم والفلسفة والأدب والفن والتاريخ والميثولوجيا لتطلق على 2992 من المواقع الجغرافية التي تتوزع على 111 خريطة عامودية ومجسمة. واعتمدت اللجنة في اختيار الأسماء المطلوبة على المصادر التالية: 1- د. جورج سارطون (SARTON)، أميركي من أصل بلجيكي، وأستاذ تاريخ العلوم في جامعة هارفرد ورئيس الاتحاد العالمي لتاريخ العلوم. ومن مؤلفاته المعتمدة: "دراسة تاريخ العلم"، و"دراسة تاريخ الرياضيات"، و"مقدمة تاريخ العلم". كان سارطون يتقن لغات عديدة، إذ كان متمكناً من الإنكليزية والفرنسية والألمانية ويجيد اليونانية واللاتينية ويلم بالعربية والعبرية والسنسكريتية والصينية واليابانية ويقرأ في يسر الإسبانية والإيطالية. 2- د. ول ديورانت (DURANT)، أميركي من أصل كندي، وأستاذ الفلسفة وتاريخ الحضارة في جامعة

كولومبيا وبعدها في جامعة كاليفورنيا. ومن مؤلفاته المعتمدة: "مباهج الفلسفة"، "قصة الحضارة"، "فلسفة التاريخ"، "قصة الفلسفة"، "حياة الإغريق"، "التراث الشرقي"، "فلسفة الدين" وغيرها. وكان ديورانت يتقّن العديد من اللغات، وزار معظم بلدان العالم مثل مصر وسائر البلدان العربية وتركيا وإيران والهند والصين واليابان وكوريا ومنشوريا وسيبيريا وروسيا واليونان وإيطاليا وألمانيا وفرنسا وبريطانيا، باحثاً ومنقباً في منجزات التراث العالمي.

3- **فيليب حتي (HITTI)، أميركي من أصل لبناني**، أستاذ في تاريخ العرب في جامعة برينستون، التي أصبح رئيس قسم الدراسات الشرقية فيها، وأستاذ زائر في جامعة هارفرد. ومن مؤلفاته المعتمدة: "تاريخ العرب المطوّل والموجز"، و"تاريخ لبنان المطوّل والموجز"، و"تاريخ سورية ولبنان وفلسطين"، و"تاريخ الشرق الأدنى". وقد اختارت اللجنة كل الأسماء المطلوبة من المصادر والمراجع المذكورة سابقاً، وكان بين تلك الأسماء 56 اسماً اختيرت من رموز التراث العربي (العلماء والشعراء والمؤرخون والفلاسفة والملوك والمدن إلخ..).

نشير فيما يلي إلى أسماء العلماء العرب المثبتة على خرائط القمر وعطارد والزهرة والمريخ والمشتري وزحل المتوفرة في المراجع والمصادر العلمية حول تلك الخرائط.

أرسلت أجهزة التصوير التلفزيونية والليزرية الموجودة على المركبات الفضائية التي استكشفت سطح القمر (مثل رينجر 7، 8، 9، وسرفاير 3، 5، 6، 7 ولونرا وربيتر 2، 3، 4) بين عامي 1964 و1967 ما مجموعه 104059 صورة. وقامت مختبرات

المسح والرسم الحاسوبي بوضع الخرائط اللازمة لسطح القمر في عام 1980، وهي ست خرائط عامودية وأربعون خارطة مجسمة. وظهرت على هذه الخرائط مجموعة كبيرة من التضاريس الطبيعية بلغ عددها 1151 موقعاً من الأودية والهضاب والمنخفضات والفوهات البركانية المستوية والمتراكزة والمتشعبة. وفي مراجعة تلك الخرائط نلاحظ وجود 22 فوهة بركانية تحمل أسماء مجموعة هامة من رموز التراث العربي قبل الإسلام وبعده. ونذكر فيما يلي تلك الأسماء مع الإشارة إلى الموقع الجغرافي بالنسبة لقيمة خط الطول والعرض بالدرجة القوسية أولاً وبالنسبة للتسمية على الخرائط. وكلها مرتبة حسب التسلسل الزمني لتواريخ الولادة والوفاة لكل واحد من تلك الرموز. وكان من الضروري تزويد القارئ بملخص السيرة العلمية لكل رمز ورد في اللائحة:

1- حنون Hanno القرطاجي (505 - 430 ق.م): الموقع الجغرافي: 73 شرق/57 جنوب.

مستكشف بحري فينيقي، ولد وتوفي في قرطاجة، وهو حنون بن القائد العسكري هميلكرت وشقيق هيميلكو المستكشف الجغرافي للشواطئ الأوروبية الأطلسية. قام أمير البحر حنون بحملة استكشاف بحرية كبيرة استغرقت مدة ثلاث سنوات (470 - 467 ق. م). وقام الفرعون نخاو ملك مصر بتمويل ورعاية تلك الحملة، حيث قاد حنون أسطولاً مؤلفاً من ستين سفينة تحمل ثلاثين ألفاً من الرجال والنساء. وانطلقت الحملة من موانئ شمال بحر الأحمر حيث اتجه الأسطول جنوباً حتى وصل إلى رأس الرجاء الصالح ثم اتجه مبحراً شمالاً. وبسبب نضوب المواد الغذائية على ظهر السفن، اضطر الأسطول للتوقف عند حلول الخريف لزراعة الأرض وحصاد

الموسم قبل استئناف السفر، إلى أن انقضت سنتان، وفي السنة الثالثة وصلوا إلى شواطئ أفريقيا الغربية حيث أسسوا محطة تجارية في جزيرة هرن (Herne) الواقعة عند مصب نهر السنغال. وتشير الأخبار التي ذكرها المؤرخ اليوناني هيرودوت حول هذه الرحلة إلى أن البحارة عندما أبحروا بالقرب من خليج غينيا شاهدوا نيران الحمم البركانية المنطلقة من بركان جبل الكاميرون بالقرب من شاطئ الخليج الجنوبي. وتابع الأسطول رحلته نحو الشمال حيث أنشأوا ست مستعمرات ومحطات تجارية ما زالت قائمة حتى اليوم على الشاطئ المغربي مثل المهدية وأغادير وموغادور وسواها. ودخل الأسطول بعد ذلك مضيق أعمدة هرقل (جبل طارق حالياً) وأبحر في مياه البحر المتوسط شرقاً إلى الشاطئ المصري. ونقش حنون أخبار رحلته باللغة الفينيقية تحت عنوان (رحلة Periplus) على لوحة حجرية نصبت في هيكل الإله الفينيقي مولوخ في قرطاجة.

2- **كيدينو Kidinnu البابلي (410 - 335 ق.م.):** الموقع الجغرافي: 123 شرق/36 شمال.

عالم فلك بابلي، ولد وتوفي في مدينة بابل. وتشير النقوش المسمارية على اللوحات الفخارية إلى بعض الأرصاد الفلكية التي قام بها كيدينو لتعيين الوقت اللازم لكي يعود فيه كوكب عطارد والزهرة إلى الاقتران مع الشمس. كما أنه سجّل أوقات حصول الكسوف الشمسي والخسوف القمري خلال دورة مدتها تسع عشرة سنة شمسية. وتشير المعلومات المتعلقة بأرصاد كيدينو إلى أنه استطاع تحديد زمن الانقلابين الشتوي والصيفي (Solstice) بدقة.

3- ماغون Maginus القرطاجي (262 - 175 ق.م.) الموقع الجغرافي: 6 غرب/50 جنوب. عالم فلك وجغرافية فينيقي، ولد وتوفي في قرطاجة. قام برصد الكواكب السيّارة، وقسّم دائرة الأفق إلى ستة وثلاثين قسماً، قيمة كل منها عشر درجات، وكل قسم منها يقابل ثلث برج من بروج القبة السماوية. وتمكن ماغون من إعداد جداول كاملة لكل حالات الكسوف والخسوف المرئية في قرطاجة على امتداد خمسين سنة. ورصد النجم القطبي وضبط موقعه بدقة واستعمله في خرائط الملاحة للاستدلال وهداية السفن في البحار أثناء الليل، وأطلق عليه اسم "نجم فينيقيا".

4- سلوقس Seleucus البابلي (212 - 140 ق.م.): الموقع الجغرافي: 66 غرب/21 شمال.

عالم فلك كبير، ولد وتوفي في بابل. قام بتحسينات هامة على التقويم الشمسي – القمري البابلي. كما ضبط الحسابات الفلكية المتعلقة بالدورة القمرية حول الأرض، حيث رصد التغيرات في سرعة دوران القمر بحساب معدل الزيادة التي تحصل خلال النصف الأول من الدورة ابتداء من الحد الأدنى إلى الحد الأقصى، وحساب معدل النقصان في سرعة دورانه خلال النصف الثاني من الدورة، وبذلك استطاع أن يعيّن يوم ولادة الهلال وبداية الشهر القمري عن طريق الحساب الفلكي.

5- مارينوس Marinus الفينيقي (180 - 92 ق.م.): الموقع الجغرافي: 75 شرق/50 جنوب.

عالم جغرافي كبير، ولد وتوفي في صور. وضع التقويم الخاص بمدينة صور المعروف بالتقويم الصوري. وهو أول من ضبط استعمال خطوط الطول والعرض في الخرائط الجغرافية، وهو الذي

وضع خرائط الملاحة البحرية في بحار المتوسط والأسود والأحمر، التي تزودت بها سفن الأسطول التجاري الفينيقي، واستفاد منها كثيراً أمراء البحر والبحارة في تعيين الاتجاهات ودقة الاستشراق.

- البيروني ALBIRUNI (973-1050م): الموقع الجغرافي – 93 شرقاً/18 شمالاً، هو أبو الريحان محمد بن أحمد البيروني. وُلد في بلدة بيرون، إحدى ضواحي خوارزم وتوفي في مدينة غزنة. مؤلف وباحث عربي كبير من أصل فارسي. نبغ في علوم الفلك والرياضيات والفيزياء والطب والجغرافية والتاريخ وسائر العلوم اليونانية والهندية. عمل في حياته راصداً وباحثاً فلكياً في معظم المراصد الفلكية التي كانت مزدهرة في أيامه مثل مراصد الري وكاث ولمغان وغورغان وجورجانية وسواها. واستخدم حلقة مرقّمة بأنصاف الدرجات القوسية لقياس ارتفاع الشمس عند عبورها فوق خط الهاجرة. واستعمل آلة السدسية SEXTANT في رصد أوقات عبور الشمس فوق دائرة خط الزوال. وقام بأرصاد عديدة للخسوف والكسوف. وقام بحساب وقياس طول الدرجة القوسية على امتداد دائرة خط الطول الجغرافي، واستطاع بذلك حساب محيط الكرة الأرضية، واستخدم حلقة كبيرة ثابتة فوق مستوى خط الهاجرة (الحلقة الشاهية) لقياس عبور الشمس فوق دائرة خط الزوال، كما أنه رصد أوقات الاعتدال الربيعي والخريفي والانقلاب الشمسي الصيفي والشتوي في مدينة غزنة. وقام بتدقيق طول السنة الشمسية والقمرية ومراجعة التقاويم المعروفة الفارسية والهندية والسورية والمصرية واليونانية والعبرية والعربية (قبل الإسلام وبعده). وقاس خطوط الطول لمواقع مدن بغداد والري وجورجانية وبلخ وغزنة، وقام بحساب طول قطر الأرض، وعيّن مواقع الكواكب السيّارة

وحجومها والمسافات بينها وبين الأرض والمطالع والمغارب لكل منها. وأشار إلى دوران الأرض على محورها وقال بكروية السماء.
وكان البيروني يتقن اللغات العربية والفارسية والسريانية، والسنسكريتية والعبرية واليونانية. وألّف 146 كتاباً في الفلك والرياضيات والتنجيم والجغرافية والتاريخ والطب والصيدلة والمناخيات والمعدنيات، والآداب والدين والفلسفة. وبحث في بعض طبيعة السوائل وما يتعلق بها من خصائص الضغط والتوازن. وقام بقياس قيمة الوزن النوعي لثمانية عشر عنصراً ومركباً بعضها من الأحجار الكريمة. ومن مؤلفاته المشهورة نذكر: "القانون في الهيئة والنجوم"، "صنعة الاسطرلاب"، "هيئة العالم"، "جدول التقويم برؤية الهلال"، "تحقيق منازل القمر"، "الأدلة على كيفية سمت القبلة"، "استخراج الأوتار في الدائرة"، "الصيدلة في الطب"، "الآثار الباقية عن القرون الخالية"، "النسب التي بين الفلزات والجواهر في الحجم". إلخ.. وقد ترجمت كتب البيروني إلى الفارسية والتركية واللاتينية والفرنسية والإنكليزية والألمانية والروسية.
15- ابن سينا AVICENNA (980-1037م): الموقع الجغرافي – 97 غرباً/40 شمالاً، هو أبو علي الحسن بن عبد الله بن سينا. وُلد في أفشانا من ضياع بخارى (أوزبكستان حالياً) وعاش وتوفي في همدان (إيران). نبغ في الفلسفة، والطب، والرياضيات والفلك. وبحث ابن سينا بتعمّق شديد مفاهيم ومواضيع الزمان والمكان والحيز والقوة والفراغ والنهاية واللانهاية والحرارة والنور وما شابه. ويعتبر ابن سينا من كبار علماء العرب في الطب والرياضيات، ويعدّ من كبار فلاسفة العرب وأئمة الفكر العربي الإسلامي. دافع عن خلود النفس ووحدة الخالق وعالج مسائل

الأحجام اللامتناهية دينياً وفيزيائياً ورياضياً، وبحث في الحركة وفي المعادن وتكوين الجبال والصخور. كما بحث في الموسيقى وربطها مع الأسس الرياضية. وسجل في كتبه ورسائله ملاحظات هامة عن الظواهر الجوية كالرياح والأعاصير والبرق والرعد وقوس قزح، وعن الكوارث الطبيعية كالزلازل والبراكين والفيضانات.

ومن أشهر مؤلفاته نذكر ما يلي: "القانون" الذي اشتهر كثيراً في ميدان الطب، وشغل علماء أوروبا، ولا يزال موضع اهتمامهم وعنايتهم، وبقي الكتاب المعمول عليه والمعتمد لتدريس الطب في مختلف الجامعات الأوروبية على امتداد خمسة قرون. و"الشفاء" ويقع في ثمانية وعشرين مجلداً، و"الإشارات والتنبيهات"، و"النجاة"، و"الأرصاد الكلية"، و"قواعد أصول الرصد"، و"الأجرام السماوية"، و"النهاية واللانهاية"، و"الحساب والموسيقى"، و"الحكمة المشرقية". وترجمت كتبه إلى اللاتينية واليونانية والتركية والفارسية والفرنسية والإنكليزية، والإيطالية والألمانية والروسية.

16- الزرقالي ARZACHEL (1028-1087م): الموقع الجغرافي – 2 غرباً/18 جنوباً، هو أبو إسحاق ابراهيم بن يحيى النقاش الزرقالي. وُلد في طليطلة وعاش وتوفي في قرطبة (الأندلس). يعتبر من أشهر علماء الفلك في الأندلس. قام بإجراء أكثر من أربعمائة رصد فلكي. وبرهن أن أوج الشمس لدى طلوع النهار يعادل أوج الشمس عند هبوط الليل، ثم توصّل إلى حساب قيمة هذا الأوج. وبنى في طليطلة مجموعة من الساعات المائية بقيت مستعملة لمدة 71 سنة حتى وقعت المدينة في حوزة الملك ألفونسو السابع عام 1133 فقام أتباعه بتخريب تلك الآلات.

وكان الزرقالي ماهراً في صنع آلات الرصد الفلكي، وهو الذي اخترع آلة الصفيحة المعروفة باسم الصفيحة العبادية (نسبة إلى المعتمد بن عباد)، وتعرف على العموم باسم الاسطرلاب الزرقالي. واستخدمت هذه الآلة في الأرصاد التي قام بها الفلكيان يوهانس موللر عام 1470 ويعقوب زيغلر عام 1504. وترك الزرقالي كتاب "الصفيحة العبادية" الذي تضمّن رسم الإسقاط الكروي القطبي المجسم للدائرة الاستوائية ودائرة البروج على السطح المستو، بحيث يتمكن الراصد من تعيين شكل مدار الكواكب السيّارة. وكتاب "التقويم الزرقالي" الذي ضمّ العديد من الجداول لقيم الجيب والمماس والقاطع للزوايا المستعملة في الرصد. ونقل الفلكي البولوني نيقولا كوبرنيكوس في عام 1530 عن الزرقالي في كتابه المشهور "دوران أفلاك الأجرام السماوية". والمعروف أن الزرقالي سبق كبلر بالقول أن شكل مدار عطارد وسائر الكواكب السيارة هو بيضوي. وترجمت كتب الزرقالي إلى اللاتينية والعبرية والإسبانية والإيطالية، والفرنسية والإنكليزية والألمانية.

-(تتمة) خرائط القمر:

17- عمر الخيّام OMAR KHAYYAM (1048-1131م): الموقع الجغرافي – 102 غرباً/58 شمالاً، هو غياث الدين أبو الفتح عمر بن ابراهيم النيسابوري الخيامي. وُلد وتوفي في نيسابور (خراسان). ولقب بالخيّام لأنه كان في بدء حياته يشتغل بحرفة الخيامة أي صنع الخيام. وهو فارسي الأصل، وتتلمذ على يد إبن سينا. وكان الخيّام من أعظم النوابغ الذين اشتغلوا بالعلوم الرياضية ولا سيما الجبر، بالإضافة إلى نبوغه في الفلك والفلسفة والشعر. وأتقن الخيّام العربية، والفارسية والتركية والسنسكريتية. قضى أيام

195

صباه في بلخ ثم سافر إلى سمرقند في عام 1070، وفي هذه الأثناء دعاه السلطان السلجوقي جلال الدين ملكشاه إلى أصفهان ليتولى إدارة المرصد الفلكي فيها. وبقي في هذا المنصب حتى عام 1088. درس الخيّام بديهيات هندسة إقليدس ونظرياتها العامة، وبحث بعمق البديهية الخامسة التي وضعها إقليدس من دون برهان أو إثبات، وهي تنصّ على أنه "لا يمكن أن يرسم أكثر من خط مواز واحد لخط مستقيم معلوم من نقطة مفروضة خارجة عنه". وتمكن الخيّام من خلال بحثه وتحليله لهذه البديهية أن يشير إلى إمكانية رسم عدد لا متناهٍ من الخطوط المستقيمة التي تتقاطع في النقطة المفروضة، وليس هناك ما يمنع من وجود أكثر من خط مواز للخط المستقيم المعلوم. وبهذه الملاحظة أشار الخيّام إلى وجود هندسة مخالفة لبديهيات إقليدس. وبذلك سبق الخيّام كبار علماء الرياضيات في أوروبة عندما أشار إلى الهندسة الجديدة المعروفة اليوم باسم الهندسة اللاإقليديسية، وذلك قبل علماء القرن التاسع عشر (أمثال لوبتشفينسكي – 1829 وغوس – 1831 وبولياي – 1832 وريمان – 1854 وكايلي – 1856 وكلاين – 1871) بأكثر من سبعة قرون.

وكان الخيّام رائداً بإشارته إلى نظرية ذات الحدّين (BINOMIAL) حيث وضع في كتابه حول الجبر والمقابلة مفكوك جبري لمقدار حدّين مرفوع إلى قوة أسها أكثر من إثنين. وكان ذلك قبل نيوتن (1685)، الذي تنسب إليه النظرية، بأكثر من خمسة قرون ونصف. وصنف الخيّام المعادلات الجبرية ذات الدرجة الأولى والثانية والثالثة إلى صنفين: بسيطة ومركبة. وصنّف البسيطة على ستة أشكال والمركبة على إثني عشر شكلاً. ووضع قانوناً عاماً لحل

معادلات الدرجة الثانية، كما تمكن من حل المعادلات التكعيبية (الدرجة الثالثة) جبرياً وهندسياً. وسبق الرياضي الإيطالي جيروم كاردانو (1545) بوضع الصيغة العامة لحل معادلات الدرجة الثالثة بأكثر من أربعة قرون. وكان الخيّام رائداً في وضع النظرية القائلة بأن مجموع عددين مكعبين لا يمكن أن يكون مكعباً. وقد نسبت هذه النظرية إلى الرياضي الفرنسي بيير فرما (1636)، ولكن علماء الغرب الذين اشتغلوا بتدقيق تاريخ الرياضيات أثبتوا أن الخيّام هو صاحب هذه النظرية، وقد سبق فرما بمدة خمسة قرون.

وتولى الخيّام أثناء إدارة مرصد أصفهان مهمة تعديل وإصلاح التقويم الشمسي الفارسي. وجاء تقويمه الجديد أدقّ من كل التقاويم الأخرى. إذ يبلغ الخطأ في تقويم الخيّام مقدار يوم واحد في كل خمسة آلاف سنة، بينما يوجد خطأ مقداره يوم واحد في كل 3333 سنة في التقويم الغريغوري المتبع حالياً في العالم.

وللخيّام كتب وتصانيف عديدة في الفلك والرياضيات والفلسفة والشعر أكثرها بالفارسية. ومن كتبه المعروفة نذكر: "زيج ملكشاه" و "مصادرات إقليدس" و "مشكلات الحساب" و "البراهين على مسائل الجبر والمقابلة" و "أصول حساب الهند" و "القسطاس المستقيم" و "ميزان الحكمة" و "الضياء العقلي في موضوع العلم الكلي" و "الرباعيات". وترجمت كتب الخيّام إلى التركية واللاتينية والفرنسية والانكليزية والألمانية والروسية، وأما الرباعيات فقد ترجمت نظماً ونثراً إلى أكثر اللغات العالمية.

18- جابر GEBER (1081-1150م): الموقع الجغرافي – 14 شرقاً/20 جنوباً. هو أبو محمد جابر بن الأفلح الإشبيلي الأندلسي. وُلد في إشبيلية (الأندلس) ثم انتقل إلى قرطبة وتوفي فيها. نبغ في

علم المثلثات الكروية ولا سيما فيما يتعلق بالفلك. واستنبط جابر معادلة سميت بنظرية جابر، تستعمل في حل الأشكال الثلاثية الأضلاع على سطح الكرة والناتجة عن تداخل الأفلاك والمدارات في القبة السماوية. وينسب إلى جابر اختراع بعض الآلات الفلكية التي استعملها فيما بعد الفلكي نصير الدين الطوسي في مرصده.

ألف جابر تسعة كتب في الفلك أهمها "كتاب الهيئة في إصلاح المجسطي" و"المثلثات الكروية". والمعروف أن بعض كبار علماء الفلك والرياضيات في أوروبا قد نقلوا وانتحلوا عدداً من نظريات جابر. ومن هؤلاء نذكر جيروم كاردانو وريجيو مونتانوس ونيقولا كوبرنيكوس وسيمون بريدون وريتشارد ولنغفورد وهنري سافيل وبدرو نوناز. وقد ترجمت كتب جابر إلى العبرية واللاتينية والفرنسية، والاسبانية والانكليزية والألمانية.

19- البطروجي ALPETRAGIUS (1150-1204م): الموقع الجغرافي – 4 غرباً/16 جنوباً. هو نور الدين أبو اسحاق البطروجي الإشبيلي. وُلد في بلدة بطروج قرب قرطبة وعاش وتوفي في إشبيلية. كان البطروجي تلميذاً للفيلسوف الأندلسي إبن طفيل. نبغ في علمي الفلك والرياضيات. نقد نظرية بطليموس الشهيرة في انحراف الكواكب ودورانها في مدار دائري، ودافع عن آراء أرسطو في هذا الشأن.

من أهم كتبه "كتاب الهيئة" الذي أحيا فيه نظرية أويدوكسوس (EUDOXOS) في الأفلاك المشتركة المركز. وطرح البطروجي نظريات جديدة حول حركة الكواكب السيّارة. قام ميشيل سكوت بترجمة كتاب الهيئة إلى اللاتينية تحت عنوان "المستديرات" في عام 1217، كما تولى موسى بن طبون ترجمته إلى العبرية في عام

1529. ومهّد كتاب البطروجي السبيل أمام العالم الفلكي كوبرنيكوس لوضع نظامه الفلكي الجديد، وأثار الاهتمام الكبير لدى علماء الغرب أمثال البرتوس ماغنوس وروبرت غروسينست وروجر باكون وسواهم. وترجمت كتب البطروجي إلى اللاتينية والعبرية والاسبانية، والفرنسية والانكليزية والألمانية.

20- نصير الدين NASIR EDDIN (1201-1274م): الموقع الجغرافي ـ صفر (0)/41 جنوباً. هو نصير الدين محمد بن محمد بن الحسن الطوسي. وُلد في بلدة طوس وتوفي في بغداد. وهو من أهم رموز التاريخ الفكري والعلمي الإسلامي. نبغ في الفلك والرياضيات والفلسفة، وترك العديد من الكتب في مواضيع الجغرافية والهيئة والفلسفة والمنطق والموسيقى والطب والمثلثات والجبر والهندسة وصنع واستعمال الإسطرلابات. أسّس مرصداً في مراغة، غرب بلاد فارس، بأمر من هولاكو ومساعدته ودعمه المادي. وكان المرصد بمثابة معهد للأبحاث لا مثيل له في ذلك الحين. وزوّده بكل الآلات الفلكية اللازمة للرصد مثل العدّاد ومسطرة التوازي والدائرة الشمسية أو دائرة السمت التي يمكن بواسطتها تحديد سمت الكواكب والنجوم، وذات الحلق المؤلفة من خمس حلقات ودوائر من النحاس، الأولى تمثّل خط الطول ودائرة نصف النهار، والثانية خط الاستواء ودائرة معدل النهار، والثالثة الخط الإهليجي ودائرة البروج والرابعة دائرة خط العرض والخامسة دائرة الميل المتعلقة بالانقلاب الصيفي والشتوي. والتحق بالمرصد كبار علماء الفلك المسلمين في ذلك الحين الذين عملوا تحت إدارته أمثال قطب الدين الشيرازي ومحيي الدين المغربي وفخر الدين المراغي ومؤيّد الدين العرضي وعلي بن عمر القزويني وأثير الدين

الأبهري وإبني الطوسي أصل الدين وصدر الدين، بالإضافة إلى علماء فلك من الصين أمثال فاو منجي وجاي سنغ. وذاعت شهرة مرصد مراغة حتى أصبح نموذجاً لعدد من المراصد التي أنشأت بعده في سمرقند وإسطنبول وفي الهند والصين. وأنشأ الطوسي مكتبة مهمة ملحقة بالمرصد، كانت تحتوي على أربعمائة ألف مجلّد. وما زالت حتى اليوم المعادلات التي وضعها الطوسي لأشكال القطوع المخروطية (المكافئ والزائد والناقص) تعتبر مرجعاً ومصدراً هاماً لعلماء أوروبا في هندسة المخروطات (CONICS) وفي حساب المثلثات المستوية والكروية. وكان الطوسي أول من استعمل معادلات الحالات الست لحساب زوايا وأقواس المثلث الكروي القائم الزاوية. وأثبت البحث التاريخي أن كوبرنيكوس نقل عن نصير الدين الطوسي نماذج مدارات الكواكب السيّارة. ووجد الباحثون نسخاً من مخطوطات الطوسي الفلكية في مكتبة كوبرنيكوس.

ومن أشهر كتب الطوسي نذكر ما يلي: "زيج الخاني"، "جوامع الحساب"، "تحرير إقليدس"، "الرسالة الشافية عن الشك في الخطوط المتوازية"، "التذكرة في علم الهيئة"، "رسالة في البديهية الخامسة"، "الكرة المتحركة"، "قواعد الهندسة"، "الكرة والاسطوانة"، "ظاهرات الفلك"، "زبدة الإدراك في هيئة الأفلاك"، "المطالع"، "الطلوع والغروب"، "كشف القناع في أشرار شكل القطاع"، "تحرير المناظر"، "انعكاس الإشعاعات"، "تجريد الكلام"، "الذخيرة" و"التصورات". ترجمت كتبه إلى الفارسية والتركية والصينية والسنسكريتية والفرنسية والإنكليزية، والإيطالية والألمانية والروسية.

21 - أبو الفدا ABUL FEDA (1273-1331م): الموقع الجغرافي ـ 14 شرقاً/14 جنوباً. هو أبو الفدا إسماعيل بن علي بن محمود بن عماد الدين الأيوبي، وُلد في دمشق وتوفي فيها. وهو من كبار المؤرخين والجغرافيين في التراث العربي. شهد الحروب التي قامت بين المماليك والصليبيين من ناحية، والمماليك والمغول من ناحية أخرى. من أهم كتبه في التاريخ كتاب "مختصر تاريخ البشر" وهو مختصر تاريخ العالم حتى سنة 1329م، كتبه بين عامي 1315 حتى نهاية عام 1329. واهتم العديد من المؤرخين الذين جاؤوا بعده بما جاء في ذلك الكتاب ومنهم ابن العدوي وابن الشحنة الحلبي. كما اهتم المستشرقون في القرنين الثامن والتاسع عشر بالكتاب ومحتوياته.

وله كتاب جغرافي هام عنوانه "تقويم البلدان" كتبه بين عامي 1316 و1321. ويتألف الكتاب من 28 فصلاً، بحث فيه اختلاف التوقيت بين مختلف الأماكن الجغرافية عند الانتقال من الشرق إلى الغرب وبالعكس من الغرب إلى الشرق. وذكر أن الماء يغطي ثلاثة أرباع سطح الأرض. وسرد الكثير من التفاصيل حول الأنهار والبحيرات والمحيطات والجبال والجزر. ووضع عدة جداول ذكر فيها أسماء المدن والأماكن ومواقعها الجغرافية بالنسبة لخطوط الطول والعرض مع وصف الأقاليم المناخية التي تقع فيها تلك المدن والأماكن مع الإشارة إلى مصادر معلوماتية. نُشر نص تاريخ أبي الفدا في جزئين في إسطنبول سنة 1869-1870، ونشرت طبعة في كوبنهاغن بين عامي 1889 و1894. ونشر كتاب تقويم البلدان في باريس عام 1840. وترجمت كتب أبي الفدا إلى التركية، والفرنسية، والإنكليزية والألمانية.

22- ابن بطوطة IBN BATTUTA (1304-1377م): الموقع الجغرافي – 50.4 شرقاً/6.9 جنوباً. هو أبو عبد الله محمد بن عبد الله بن بطوطة اللواتي الطنجي. وُلد في طنجة وتوفي فيها. رحالة عربي مغربي من أصل بربري. كان والده قاضياً في طنجة، وكان في صباه يقرأ الأخبار ويسمع الأحاديث والمرويات التي يتحدث بها البحارة في ميناء طنجة عن عجائب وغرائب البلدان البعيدة، مما ألهب خياله وجعله يحلم بالسفر وزيارة الأمصار البعيدة وراء البحار.

يعتبر إبن بطوطة أشهر رحالة ومستكشف عربي مسلم في القرون الوسطى، إذ أطلق عليه مؤرخو القرن التاسع عشر اسم "ماركو بولو العرب". بدأ ابن بطوطة رحلاته في عام 1325م وكان في سن الحادية والعشرين. وشملت رحلاته الاستكشافية بلدان إفريقيا وآسيا وأوروبا. وامتدت من المغرب وإسبانيا والمحيط الأطلسي غرباً إلى جزر الفيليبين والصين والمحيط الهادئ شرقاً، ومن سهول سيبيريا ومصب نهر الفولغا في بحر قزوين وشبه جزيرة القرم في البحر الأسود شمالاً إلى جزر إندونيسيا والمالديف في المحيط الهندي وأواسط إفريقيا جنوباً. وكانت رحلاته محفوفة بالمخاطر ومليئة بالمغامرات. واستغرقت مدة ثلاثين سنة (1325-1355)، قطع خلالها مسافة 120 ألف كيلومتراً. وزار في تلك المدة 58 مملكة وسلطنة وإمارة وأقام في 130 مدينة واتصل وقابل 50 ملكاً وسلطاناً وأميراً في بلدان إفريقيا وآسيا وأوروبا.

ويمكن تلخيص رحلات بن بطوطة في سبع مراحل هي كما يلي:

1- من إفريقيا الشمالية إلى غرب آسيا (1325-1328م): زار عشرة بلدان وأقام في 34 مدينة وقابل ستة ملوك وسلاطين. 2- من

غرب آسيا إلى شرق إفريقيا (1328-1331): زار عشرة بلدان وأقام في 17 مدينة وقابل خمسة ملوك وأمراء. 3- من مكة إلى آسية الصغرى وأوروبة الشرقية وآسية الوسطى والهند (1331-1335): زار 22 بلداً وأقام في 37 مدينة وقابل 23 ملكاً وسلطاناً. 4- من الهند إلى جنوب شرق آسيا والصين (1335-1340): زار سبعة بلدان وأقام في 14 مدينة وقابل سبعة ملوك وسلاطين. 5- العودة من الصين إلى شمال إفريقيا (1340-1346): زار ثلاثة بلدان جديدة وأقام في سبع مدن وقابل أمير واحد جديد. 6- من شمال إفريقيا إلى أوروبة الغربية (1346-1351): زار ثلاثة بلدان وأقام في 21 مدينة وقابل خمسة ملوك وأمراء. 7- من جنوب الصحراء إلى إفريقيا الغربية (1351-1354): زار ثلاثة بلدان جديدة وأقام في عشر مدن وقابل ثلاثة بين ملك وأمير.

كان ابن بطوطة دقيق الملاحظة شيّق الأسلوب أمين الوصف والرواية. وقد أملى على المؤرخ الأندلسي بن جوزية تفاصيل رحلاته، حيث جمعت في كتاب عنوانه "تحفة النظار في غرائب الأمصار وعجائب الأسفار" المعروف برحلة بن بطوطة. وتضمن الكتاب معلومات مهمة حول الشعوب والبلدان والمدن التي زارها والملوك والسلاطين والأمراء الذين اتصل بهم وتعامل معهم. بالإضافة إلى الكثير من الملاحظات حول الحياة العامة والثقافة والعادات والتقاليد التي تميزّت بها الشعوب التي عاش بينها وتعرّف إليها. ووصف بن بطوطة الحياة في قصور الملوك والسلاطين والأمراء بتفاصيل دقيقة. ونجح في إقامة علاقات ممتازة مع بعض الملوك والسلاطين الذين اتصل بهم أثناء رحلاته. كما أنه تولى مناصب مهمة في عدد من الممالك والسلطنات التي زارها وأقام

فيها. فهو حيناً رئيس القضاة، وحيناً آخر رئيس المستشارين في شؤون الدين والسياسة، وأحياناً رئيس بعثة دبلوماسية بين مملكة وأخرى. ترجم كتاب بن بطوطة إلى الفرنسية والإنكليزية والألمانية والإيطالية والإسبانية والروسية والبلغارية والتركية والفارسية والأردية والسنسكريتية والصينية.

23- أولغ بك ULUGH BEIGH (1394-1449م): الموقع الجغرافي – 89 غرباً/29 شمالاً. هو محمد طراغاي بن شاه روخ بن تيمور الملقب باسم أولغ بك أي "الأمير الكبير". وُلد في سلطانية وتوفي في سمرقند. وظهرت عليه علامات النجابة والحكمة والذكاء التي أهلته لتولي منصب الامارة على ولاية تركستان ولما يبلغ سن العشرين. جعل أولغ بك سمرقند عاصمة لإمارته. وقدّم خدمات جلى للعلوم والفنون، إذ كان أديباً يشارك في الأعمال العلمية. واستطاع أن يجعل من سمرقند مركزاً هاماً للحضارة الاسلامية، حيث أنشأ مدرسة عالية للعلوم وعهد في إدارتها إلى صلاح الدين موسى بن محمود المعروف باسم قاضي زادة. وكان العالم غياث الدين الكاشي أستاذاً فيها.

وبنى أولغ بك مرصداً زوّده بالأدوات الدقيقة المعروفة في زمانه مثل الربعية (مقياس ارتفاع الأجرام باستخدام قوس ربع دائرة)، والسدسية (مقياس ارتفاع النجوم باستخدام قوس سدس دائرة)، والحلقية (كرة معدنية مؤلفة من عدة حلقات متداخلة لرصد الأفلاك)، والثلاثية (مؤلفة من ثلاث زوايا حادة متداخلة لقياس الميل الزاوي للمدارات الفلكية)، والشاملة (مقياس ارتفاع الشمس والكواكب باستخدام عدة أقواس متداخلة ومتساوية لدوائر مختلفة الأقطار). بالإضافة إلى أنواع الاسطرلاب المختلفة. وتمكن أولغ بك من قياس

زاوية ميل دائرة البروج عن خط الاستواء، وطول السنة المدارية، وموقع نقطة الاعتدال الربيعي. ورصد الحركات السنوية للكواكب السيّارة (عطارد والزهرة والمريخ والمشتري وزحل)، وقاس مقدار التقدم السنوي لمدار عطارد، واشتغل بعلم المثلثات ووضع جداول الجيوب (SINES) والظلال (TANGENTS)، واعتنى بفروع الرياضيات الأخرى ولا سيما الهندسة.

ولم يقتصر اهتمام أولغ بك بالفلك والرياضيات والرصد، بل ثبت من سيرته أنه كان مؤرخاً وشاعراً وفقيهاً، إذ أكبّ على دراسة القرآن الكريم وحفظه واتقن تجويده بالقراءات السبع. ومن أهم ما ترك أولغ بك نذكر "فهرس النجوم" الذي تضمن أسماء وأوصاف 1018 نجماً، و"حركات الكواكب" و"الزيج السلطاني الجديد" الذي يحتوي على أربع مقالات: الأولى في حساب التقاويم على اختلافها والتواريخ الزمانية، والثانية في معرفة الأوقات والمطالع في كل وقت، والثالثة في معرفة سير الكواكب ومواضعها، والرابعة في معرفة مواقع النجوم الثابتة. وترجمت كتبه الفلكية والرياضية إلى اللاتينية والروسية، والانكليزية والفرنسية والألمانية.

2- خرائط عطارد (MERCURY): أرسلت أجهزة التصوير التلفزيونية والليزرية الموجودة على المركبات الفضائية (مارينر 2 و5 و10)، التي استكشفت كوكب عطارد بين عامي 1962 و1974، ما مجموعه 17980 صورة لسطح الكوكب المذكور. وتلّقت محطة الالتقاط المركزية في نازا تلك الصور. وقامت مختبرات المسح والرسم الحاسوبي في نازا بوضع الخرائط اللازمة لسطح عطارد في عام 1980 وهي 3 خرائط عامودية و10 خرائط

مجسمة. وظهرت على هذه الخرائط مجموعة من التضاريس الطبيعية بلغ عددها 320 موقعاً من السهول والحلقات المتراكزة والتلال المستديرة والفوهات البركانية. وفي مراجعة تلك الخرائط لاحظنا وجود 9 فوهات بركانية أطلقت عليها أسماء بعض شعراء وكتّاب برزوا في التراث العربي الأدبي. وفيما يلي تلك الأسماء مع موقعها الجغرافي كما ظهرت على الخرائط:

1 - أمرؤ القيس AMRU AL-QAYS (500-540م): الموقع الجغرافي - 176 غرباً/13 شمالاً. شاعر عربي من شعراء العصر الجاهلي.

2 - الخنساء KHANSA (575-664م): الموقع الجغرافي - 52 غرباً/ 58.5 جنوباً. شاعرة عربية مخضرمة عاشت في الجاهلية وصدر الإسلام.

3 - سنان SINAN (649-707م): الموقع الجغرافي – 30 غرباً/16 شمالاً. هو سنان بن ثابت بن قرة، طبيب وفيلسوف عربي.

4 - أبو النواس ABU NAWAS (762-813م): الموقع الجغرافي - 21 غرباً/17.5 شمالاً. شاعر عربي من شعراء العصر العباسي.

5 - الجاحظ AL-JAHIZ (775-868م): الموقع الجغرافي - 22 غرباً/1.5 شمالاً. أديب وشاعر وناقد عربي.

6 - الهمذاني AL-HAMADHANI (968-1007م): الموقع الجغرافي – 89.5 غرباً/39 شمالاً. هو بديع الزمان الهمذاني – شاعر وأديب عربي.

7 ـ نظامي NIZAMI (1140-1202م): الموقع الجغرافي ــ 165 غرباً/71.5 شمالاً. شاعر فارسي مشهور.

8 ـ سعدي SADI (1193-1291م): الموقع الجغرافي - 55 غرباً/78.5 جنوباً. شاعر فارسي مشهور.

9 ـ الجبرتي GHIBERTI (1754-1822م): الموقع الجغرافي ــ 80 غرباً/48 جنوباً. هو عبد الرحمن الجبرتي، كاتب ومؤرخ عربي مصري.

الملاحظ أن هذه الرموز قد تركت في تراث وتاريخ الشعر والأدب العربي مآثر معروفة.

3 ـ خرائط الزهرة (VENUS): أرسلت أجهزة التصوير التلفزيونية والليزرية الموجودة على المركبات الفضائية (مارينز 2 و5 و10 وبيونير 1 و2) التي استكشفت كوكب الزهرة بين عامي 1963 و1978 ما مجموعه 19642 صورة لسطح الكوكب المذكور. وقامت مختبرات المسح والرسم الحاسوبي في نازا بوضع الخرائط اللازمة لسطح الزهرة في عام 1982 وهي 3 خرائط عامودية و9 خرائط مجسمة. وظهرت على هذه الخرائط مجموعة من التضاريس الطبيعية بلغ عددها 289 موقعاً من الهضبات والأودية والأحواض الجافة والفوهات البركانية الواسعة.

وفي مراجعة تلك الخرائط لاحظنا وجود ثلاثة مواقع أطلقت عليها أسماء ملكة فرعونية وآلهة فينيقية. وفيما يلي تلك الأسماء مع مواقعها الجغرافية على الخرائط:

1 ـ أدونيس ADONIS: الموقع الجغرافي ــ 80-85 غرباً/25-30 جنوباً. إله فينيقي معبود في الميثولوجيا الفينيقية.

2 ـ عشتار ISHTAR: الموقع الجغرافي 0-60 غرباً/70-75 شمالاً. إلهة فينيقية معبودة في الميثولوجيا الفينيقية.

3 ـ كليوباترا CLEOPATRA (69-30 ق.م.): الموقع الجغرافي ـ 350-360 غرباً/60-65 شمالاً. وهي آخر ملكة فرعونية في مصر.

4 ـ خرائط المريخ (MARS): أرسلت أجهزة التصوير الموجودة على المركبات الفضائية (مارينر 4، 6، 7، 9 وفايكنغ 1 و2) التي استكشفت كوكب المريخ بين عامي 1964 و1971 ما مجموعه 20651 صورة. وقامت مختبرات المسح والرسم الحاسوبي في نازا بوضع الخرائط اللازمة لسطح المريخ في عام 1981، وهي 4 خرائط عامودية و10 خرائط مجسمة. وظهرت على هذه الخرائط مجموعة من التضاريس الطبيعية بلغ عددها 362 موقعاً من الأودية ومجاري الأنهار الجافة والقنوات المتآكلة والقمم القطبية والأخاديد والكثبان الرملية والفوهات البركانية. وفي مراجعة تلك الخرائط ظهرت خمسة أسماء عربية وهي ما يلي:

1 ـ سيناء SINAI: الموقع الجغرافي ـ 83.5 غرباً/14.5 جنوباً. وهي منطقة صحراوية تقع جنوب فلسطين وفيها مواقع أثرية دينية مهمة.

2 ـ سوريا SYRIA: الموقع الجغرافي ـ 104.5 غرباً/15 جنوباً. وهي موطن تاريخي يتميز بحضارته وتراثه الفكري العريق.

3 ـ القاهرة AL-GAHIRA: الموقع الجغرافي ـ 194-200 غرباً/14-19 جنوباً. مدينة أسسها الفاطميون في عام 969م وأصبحت عاصمة الدولة الفاطمية وهي عاصمة مصر حالياً.

4 - جبيل BIBLIS: الموقع الجغرافي – 124 غرباً/2 شمالاً. مدينة ذات حضارة عريقة ومن أقدم المدن الفينيقية.

5 - أوفير OPHIR: الموقع الجغرافي – 64-75 غرباً/3-9 جنوباً. أوفير هي الأرض الغنية بالذهب المذكورة في التوراة، والتي كان الفينيقيون يحتكرون معرفة موقعها وسر الطريق للوصول إليها.

ويلاحظ الباحث وجود قمرين صغيرين، فوبوس وديموس، يدوران حول المريخ ولم توضع لهما خرائط طوبوغرافية بعد.

5 - خرائط المشتري (JUPITER): يدور حول كوكب المشتري مجموعة من الأقمار الطبيعية يبلغ عددها 16 قمراً. وهي مختلفة الأحجام والكتل وعلى مسافات مختلفة من الكوكب. وتتوفر لدى الباحثين خرائط طبوغرافية لأربعة منها فقط وهي: أيو وأوروبا وغانيميد وكالستو. ويبدو أن سحب الغبار الكثيفة التي تغطي سطح المشتري من كل الجهات على شكل حلقات دائرية برتقالية اللون قد حالت حتى الآن دون التصوير الدقيق، وبالتالي لم توضع بعد خرائط طبوغرافية كاملة لذلك الكوكب. وأرسلت أجهزة التصوير الموجودة على المركبات الفضائية (بيونير 10 و11 وفويجر 1 و2) التي استكشفت كوكب المشتري وأقماره بين عامي 1972 و1977 ما مجموعه 20770 صورة. وقامت مختبرات المسح والرسم الحاسوبي في عام 1981 بوضع الخرائط اللازمة لسطوح الأقمار الأربعة المذكورة وهي 4 خرائط عامودية و9 مجسمة. وظهرت على هذه الأقمار مجموعة من التضاريس الطبيعية بلغ عددها 460 موقعاً من المنخفضات والتشققات وفوهات التصادم والفوهات البركانية. وفي مراجعة تلك الخرائط وجدنا 14 اسماً من أسماء

رموز التراث العربي القديم أطلقت على الفوهات المتواجدة على سطح بعض أقمار المشتري وهي كما يلي:

1- قمر أيو IO (يوجد اسم واحد): 1- مردوك MARDUK – الموقع الجغرافي – 210 غرباً/28 جنوباً. وهو إله بابل الأول في القرن التاسع عشر قبل الميلاد.

2- قمر أوروبا EUROPA (توجد 5 أسماء): 1- قدموس CADMUS: الموقع الجغرافي – 183 غرباً/33 شمالاً. شخصية فينيقية أسطورية، قيل إنه ابن آجنور ملك صور، عاصمة اتحاد الممالك والمدن الفينيقية (حوالي القرن 15 ق.م.). 2- صور TYRE: الموقع الجغرافي – 145 غرباً/30 شمالاً. مدينة في جنوب لبنان تعتبر من أقدم الممالك الفينيقية. 3- صيدا SIDON: الموقع الجغرافي – 150 غرباً/69 جنوباً. مدينة في جنوب لبنان وهي من أقدم الممالك الفينيقية.4- أدونيس ADONIS: الموقع الجغرافي – 120 غرباً/65 جنوباً. الإله الفينيقي المعبود في جبيل. 5- ليبيا LIBYA: الموقع الجغرافي – 191 غرباً/59 جنوباً. اسم أطلقه اليونان على مناطق شمال إفريقية الواقعة غربي مصر.

3- قمر غانيميد GANYMEDE (توجد 6 أسماء): 1- أشور AS-SHUR: الموقع الجغرافي – 325 غرباً/56 شمالاً. إسم مملكة قديمة امتدت في بلاد ما بين النهرين وكان اسم عاصمتها الأولى أشور. 2- بعل BA'AL: الموقع الجغرافي – 326 غرباً/29 شمالاً. إسم أطلق على عدة آلهة سامية، أشهرها معبود فينيقي يراد به الشمس أو المشتري. 3- جلقامش GILGAMESH: الموقع الجغرافي – 124 غرباً/58 جنوباً. اسم ملك وبطل أسطوري في الميثولوجيا البابلية. 4- ملكرت MELKART: الموقع الجغرافي –

182 غرباً/13 جنوباً. اسم فينيقي لإله القوة الجسدية هركوليس بن زوس، وهو مؤسس مدينة قادش CADIX الفينيقية حوالي 1100 ق.م. 5- أوزيريس OSIRIS: الموقع الجغرافي – 161 غرباً/39 جنوباً. إسم إله الخصب في الميثولوجيا المصرية القديمة. 6- إيزيس ISIS: الموقع الجغرافي – 196 غرباً/64 جنوباً. إسم إلهة الطبيعة في الميثولوجيا المصرية.

4- قمر كالستو CALLISTO (يوجد اسمان): 1- علي ALI (600-661م): الموقع الجغرافي – 58 غرباً/57 شمالاً. وهو الإمام علي بن أبي طالب المشهور بفصاحته وبلاغته، وعلمه وفروسيته وبطولاته. 2- عسكر ASKR: الموقع الجغرافي – 327 غرباً/53 شمالاً. اسم الموضع الذي أقام فيه الخليفة العباسي المعتصم مع جيشه عندما أنشأ سامراء عام 836م.

5- **خرائط زحل (SATURN)**: تدور حول كوكب زحل مجموعة من الأقمار الطبيعية يبلغ عددها 23 قمراً مختلفة الأحجام والكتل وعلى مسافات مختلفة من الكوكب. وتتوفر للباحثين خرائط طبوغرافية لستة أقمار فقط هي: ميماس وانسيلادوس وديون وريا وايابيتوس. وكشفت أجهزة التحليل الطيفي أن جوّ زحل يتألف من غازي الهيدروجين والهيليوم بنسبة عالية. وتحيط بالكوكب سبع حلقات دائرية متداخلة ومنيرة كرقائق الجليد. وقد حالت هذه الحلقات الكثيفة من الغبار والغازات دون تمكن أجهزة التصوير من مسح سطح الكوكب وإعداد خرائط طبوغرافية كاملة له. ولكن أجهزة التصوير الموجودة على المركبات الفضائية (فويدجر 1 و2 وبيونير 11) التي استكشفت كوكب زحل وأقماره بين عامي 1977 و1979

تمكنت من إرسال ما مجموعه 18560 صورة. وقامت مختبرات المسح والرسم الحاسوبي في عام 1982 بوضع الخرائط اللازمة لسطوح الأقمار الستة المذكورة سابقاً، وهي 5 خرائط عامودية و9 مجسمة. وظهرت على هذه الأقمار مجموعة من التضاريس الطبيعية بلغ عددها 410 موقعاً من السهول والتلال المتراكزة والأودية والفوهات البركانية. وفي مراجعة تلك الخرائط لوحظ وجود تسعة أسماء ذات أهمية في التراث العربي قد أطلقت على تضاريس قمرين فقط وهي: 1- قمر انسيلادوس ENCELADUS (توجد 7 أسماء): 1- علي بابا ALIBABA: الموقع الجغرافي – 11 غرباً/55 شمالاً. إسم شخصية أسطورية في قصص ألف ليلة وليلة. 2- دليلة DALILAH: الموقع الجغرافي 244 غرباً/53 شمالاً. إسم امرأة فلسطينية ورد اسمها في التوراة وهي التي سلمت شمشون إلى الفلسطينيين. 3- جلنار JULNAR: الموقع الجغرافي – 340 غرباً/ 54 شمالاً. اسم زهر الرمان. 4- شهرزاد SHAHRAZAD: الموقع الجغرافي – 200 غرباً/49 شمالاً. اسم بطلة قصص ألف ليلة وليلة. 5- شهريار SHAHRYAR: الموقع الجغرافي – 222 غرباً/58 شمالاً. اسم بطل قصص ألف ليلة وليلة. 6- حران HARRAN: الموقع الجغرافي: 210 غرباً/5 جنوباً. مدينة ذات تراث ثقافي تقع في شمال العراق. 7- سمرقند SAMARKAND: الموقع الجغرافي – 340 غرباً/75 شمالاً. مدينة ذات تراث حضاري إسلامي في آسية الوسطى وهي عاصمة الجمهورية الأزبكية حالياً. 2- قمر ديون DIONE (يوجد إسمان فقط): 1-ديدون DIDO: الموقع الجغرافي – 15 غرباً/22 جنوباً. هي أميرة فينيقية إبنة بيلوس ملك صور وأخت بيغماليون ملك

صور. أسست مدينة قرطاج في شمال إفريقيا حوالي عام 814 ق.م. وتشير موسوعة الرياضيات (برنتس هول) إلى أن ديدون هي أول من وضع واستعمل تقنيات المقاييس الطولية للأشكال الهندسية (LONGIMETRY) ومقاييس محيطات (PERIMETRY) ومساحات (PLANIMETRY) الأشكال الهندسية المستوية مثل المثلث والمربّع والمعين والمستطيل ومتوازي الأضلاع، وشبه المنحرف والدائرة وسواها. وبذلك تكون ديدون قد استخدمت هذه المعارف قبل إقليدس بخمسة قرون وقبل أرخميدس بستة قرون. وقبل الحسن بن الهيثم بثمانية عشر قرناً. 2- قرطاج CARTAGE: الموقع الجغرافي – 337 غرباً/20 شمالاً. هي مدينة فينيقية أسستها الأميرة ديدون على الشاطئ التونسي في عام 814 ق.م. وقرطاج كلمة فينيقية تعني المدينة الجديدة. واختارت الأميرة موقعاً جغرافياً هاماً يتوسط شبكة خطوط المواصلات البحرية الصورية بين شرق البحر المتوسط وغربه لبناء المدينة الجديدة، التي صارت عاصمة امبراطورية بحرية قوية في غرب حوض البحر المتوسط. وأصبحت قرطاج قاعدة كبيرة لحماية خطوط المواصلات والسهر على الممتلكات الفينيقية القائمة على جانبي حوض المتوسط الغربي. وتشير المعلومات التاريخية إلى أن الأميرة ديدون طلبت من ملك البلاد لاربوس شراء قطعة أرض لبناء المدينة الجديدة فرفض. ولكن الأميرة عادت وطلبت من الملك أن يبيعها مساحة من الأرض لا تزيد عن المساحة التي يحيط بها طول شرائح جلد بقرة. فضحك الملك من سذاجة طلبها وأجابها إليه. فأمرت ديدون مهرة رجالها بتقطيع وتقسيم الجلد البقري إلى خيوط دقيقة وبوصل الخيوط الواحد بالآخر وبمدها على الأرض بصورة

مستديرة حيث حصلت على مساحة كافية لبناء ما تريد. ولم يسع الملك، رغم المفاجأة، إلا الوفاء بوعده. والملاحظ أن اختيارها للشكل الدائري يدل على معرفة علمية واسعة باستعمال قواعد الرياضيات الخاصة بالمقاييس الطولية للأشكال الهندسية ومحيطاتها ومساحاتها. ومنها معرفتها بأن الدائرة هي أوسع الأشكال الهندسية المسطحة مساحة إذا قورنت بالأشكال الهندسية الأخرى، بشرط أن يكون محيط كل من تلك الأشكال مساوياً لمحيط تلك الدائرة. (سيناقش هذا الموضوع بالتفصيل في دراسة قادمة حول عبقرية النساء في الرياضيات).

وقبل اختتام هذه الدراسة لا بدّ لي من الإشارة إلى أن خرائط القمر قد حملت أيضاً أسماء مجموعة من كبار علماء الإسكندرية في الرياضيات والفلك أمثال إقليدس وأبولونيوس وإيراطوستثينس وأرسطارخوس وهيبارخوس وأرخميدس وبطليموس وديوفانتوس. وهنا لا بد من القول بأن الأمانة العلمية وأصول البحث التاريخي تقضي باعتبار تلك الأسماء كجزء هام من التراث العلمي المصري قبل الإسلام حيث قدّم منجزات ومآثر علمية رائدة في علوم الرياضيات والفلك خلال خمسمائة سنة من تاريخ مصر (بين أوائل القرن الثالث ق.م. حتى أواخر القرن الثاني للميلاد). إنه نتاج المزيج الحضاري المتجانس من التعددية الثقافية المصرية في ظل التأثير والتفاعل المتبادل بين العناصر القبطية واليونانية والرومانية على الأرض المصرية.

➢

المراجع والمصادر:

1-DAVIES M.E GAULT, D.E., AND STROM, R.G. ATLAS OF MERCURY, NASA, SP-423, 1978.

2-CARPENTER, R.L., HANDBOOK OF THE PLANET VENUS, NASA, 1967.

3-SHAPIRO, I.L., VENUS: TOPOGRAPHY REVEALED BY DATA, SCIENCE 175, 514-5, 1972.

4-BOWKER, D.E. AND HUGHES, J.K., LUNAR ORBITER PHOTOGRAPHIC ATLAS OF THE MOON, NASA, SP-206, 1971.

5-HUNT, G. AND MOORE, P., ATLAS OF THE SOLAR SYSTEM, RAND McNALLY, CHICAGO, 1983.

6-KOSOFSKY, L.J AND EL-BAZ, F., THE MOON AS VIEWED BY LUNAR ORBITER, NASA, SP-200, 1970.

7-BATSON, R.M. BRIGES P.M. AND INGE J.L., ATLAS OF MARS NASA, SP-438 1979.

8-MOORE, P., GUIDE TO MARS, LUTTERWORTH PRESS, NEW YORK, 1978.

9-PEEK, B.M., THE PLANTET JUPITER – AS VIEWED BY VOYAGER 1 AND 2, FABER AND FABER, NEW YORK, 1980.

10-ALEXANDER, A.F., THE PLANET SATURN: A HISTORY OF OBSERVATION; THEORY AND DISCOVERY, DOVER PUBLICATIONS, NEW YORK, 1980.

11-WEST, B.H. and TAYLOR, L.T., ENCYCLOPEDIA OF MATHEMATICS, PRENTICE-HALL INC., LONDON, 1982.

12-DICTIONARY OF SCIENTIFIC BIOGRAPHY, VOL: 1-8, CHARLES SCRIBNER'S SONS, NEW YORK, 1981.

➤

كلمة ختامية

د. يوسف مروّه: الفكر الحاضر المغيَّب

نتبين من خلال سيرة الدكتور يوسف مروّه كم كان الرجل شغوفاً في البحث والتنقيب لاكتشاف المجهول أو قل لكشف الحقيقة التي غابت عن كثيرين، في مرحلة من التاريخ كان يتسابق فيها علماء العالم، في الشرق كما في الغرب، لتقديم كل ما يخدم الإنسان ويحسِّن أداءَه في صراعه مع الحياة ويساعده على تجاوز الصعاب، من اكتشافات واختراعات ودراسات، وغيرها من الحلول النظرية أو التطبيقية.

ومنذ نعومة أظافره، كان يهدف الدكتور مروّه إلى إظهار وتظهير الدور اللبناني والعربي الرائد في بناء الحضارة الإنسانية خاصة عندما انتقل إلى ألمانيا وواجه التحدي المباشر من الشباب الألماني الذي كان

يدّعي التقدم الحضاري لألمانيا في العالم ويفاخر بمتفوقيه من العلماء والأدباء. هناك قرر مروّه قبول التحدي وأخذ يعمل على كشف النقاب عن المتفوقين من بلادنا بمبادرة فردية اضطرته العمل لساعات طويلة في الدرس والتنقيب. وهذا ما دفعه إلى البحث، إلى جانب دراساته العلمية، في مختلف المجالات الفكرية وقد جاءت مؤلفاته متنوعة بين العلم والأدب، والتاريخ، والفقه، والفلسفة.

وكأني بالدكتور مروه الذي بحث في سائر الفنون العلمية والأدبية ليبرز أهمية الدور العربي في الحضارة الإنسانية، قد أخذ على عاتقه الوقوف بوجه كل التحديات التي تواجه الإنسان العربي في العالم، متسلحاً بالعزم والإيمان، والعلم والبرهان. فتراه دارساً منقباً حائراً لا يطمئن له بال لأنه يدرك أن الطريق التي اختارها توجب عليه المتابعة والعمل المتواصل الدؤوب.. وهكذا تنوعت مؤلفاته وباتت مرجعاً لكل باحث عن الحقيقة.

في كل ما قدم د. مروّه من كتب ومقالات ومحاضرات ودراسات ومقابلات، كان يتوخى إشباع الموضوع بالشرح والبرهان والمراجع الموثوقة. ولا يخفى كم يحتاج مثل هذا العمل إلى الجلد العلمي والرغبة الصادقة لإيصال الرسالة..

والدكتور مروّه الذي يُعتبر الفكر الحاضر والمغيَّب قسراً، انتظر أن تبادر الدول العربية أو إحداها، على الأقل، إلى تبني الدور الذي أطلقه وتشجِّع كل مبادرة من هذا النوع لأهميتها، خاصة عندما تعلن الحقيقة في مواجهة الغرب الذي يدَّعي الفضل في كل ما يخدم الحضارة الإنسانية.

انتظرنا مع د. مروّه طويلاً لعله يستفيق العرب من سباتٍ دام طويلاً.. لكن وللأسف، ترانا أمام حائط مسدود يجعلنا نردِّدُ القول: في المواقف الشجاعة، يبقى الهروب إلى الأمام.. خير الكلام!!

➤

الفهرس - 1

الفهرس - 2

المؤلف: محطات إعلامية واجتماعية

النشاطات الإعلامية:

ـ مؤسس ورئيس المركز الاستشاري للإعلام
ـ ناشر ورئيس تحرير مجلة "أضواء"
ـ ناشر ورئيس تحرير جريدة "الجالية" (2005 – 2015)

النشاطات الاجتماعية:

ـ عضو مركز الجالية العربية الكندية في تورنتو
ـ عضو مؤسس لجامعة اللبنانيين الكنديين
ـ عضو الاتحاد العالمي للمؤلفين باللغة العربية ـ فرع كندا
ـ رئيس سابق لمجلس الصحافة الاثنية في كندا
ـ رئيس سابق لرابطة الإعلاميين العرب في كندا
ـ مؤسس ورئيس مركز التراث العربي في كندا
ـ مؤسس ورئيس المهرجان الكندي المتعدد الثقافات
ـ مؤسس ورئيس رابطة المؤلفين العرب في كندا

الجوائز التقديرية:
من قبل الجهات الرسمية والأهلية التالية:

ـ رئاسة الحكومة الكندية الفدرالية
ـ رئاسة حكومة أونتاريو
ـ بلدية تورنتو الكبرى
ـ مركز الجالية العربية في تورنتو
ـ مجلس الصحافة الإثنية في كندا
ـ الجمعية الدرزية الكندية في أونتاريو
ـ رابطة المسلمين التقدميين في كندا
ـ رابطة الأطباء العرب في شمال أميركا
ـ الإتحاد العالمي للمؤلفين باللغة العربية ـ فرع كندا
ـ جمعية "عالم إنسان بلا حدود" ـ بيروت، لبنان

صدر للمؤلف

- كتاب "الأبله الحكيم"

الطبعة الأولى (1974) الطبعة الثانية (2009)
الطبعة الثالثة (2011)

- كتاب "أصداء وأضواء" (1978)

- كتاب "كلمات بلا حواجز"

الطبعة الأولى (2009) الطبعة الثانية (2011)

- كتاب "أوراق حائرة"

الطبعة الأولى (2009) الطبعة الثانية (2012)

- كتاب "بيت التوحيد"

الطبعة الأولى (2009) الطبعة الثانية (2022)

- كتاب "الوصايا العشر"

الطبعة الأولى (2011) الطبعة الثانية (2013)

- كتاب "سقوط الجمهورية" (2013)

- كتاب "أقلام صادقة" – الجزء الأول (2014)

- كتاب "أقلام صادقة" – الجزء الثاني (2014)

- كتاب "يوسف مروّه"

"الفكر الحاضر المغيّب" (2019)

- كتاب "سعيد تقي الدين"

"كل مواطن خفير" (2020)

- كتاب "إضاءات" (2022)

- كتاب "وجهة سير" (2023)

- كتاب "مواقف ومداخلات" (2024)